LA PENSÉE,

LA VIOLETTE,

L'AURICULE ou OREILLE D'OURS,

LA PRIMEVÈRE.

IMPRIMÉ PAR BÉTHUNE ET PLON, A PARIS,

Jeanne de Flandres

Baronne

LA PENSÉE,

LA VIOLETTE,

L'AURICULE ou OREILLE D'OURS,

LA PRIMEVÈRE :

HISTOIRE ET CULTURE;

PAR

RAGONOT-GODEFROY,

Membre des Sociétés d'horticulture de Paris, correspondant de celles de Berlin,
de Liége, etc.; auteur de la Classification des œillets,
du Traité de leur culture spéciale, et d'ouvrages élémentaires d'horticulture.

PARIS,

AUDOT, ÉDITEUR DU *BON JARDINIER*,

RUE DU PAON, 8 (ÉCOLE-DE-MÉDECINE).

L'AUTEUR, HORTICULTEUR-FLEURISTE,
Avenue de Marbeuf, 9, et au 1er janvier 1845, à Anteuil.

1844.

Désirable.

Cléopâtre.

LA PENSÉE.

QUELQUES IDÉES
SUR LE MÉRITE DE CETTE PLANTE.

Entre toutes les belles et bonnes choses que le Créateur a placées sous les yeux et à la portée de l'homme avec une libéralité si magnifique, il y en a toujours une ou deux auxquelles nous nous attachons plus volontiers et vers lesquelles nous inclinons de préférence. C'est là ce qui constitue les affections exclusives, d'où naissent les spécialités, véritables bases de ces instincts qui nous font aptes à tels ou tels travaux, qui nous distinguent les uns des autres, et qui produisent, répartis et distribués à des degrés divers, cette harmonie dont les lois nous échappent le plus souvent, mais qui nous saisit quand nous y sommes vraiment attentifs.

Il en est de même pour ce monde de fleurs que chaque saison fait germer, que chaque rayon de soleil fait éclore et resplendir sous mille formes et en mille nuances. Il y a toujours, entre toutes ces fleurs, une fleur que nous préférons, que nous ai-

mons, que nous trouvons plus belle que toutes ses
sœurs, et dans laquelle nous mettons nos affections,
nos complaisances, à qui nous donnons tous nos
soins, et, enfin, que nous colorons avec la riche
palette de notre imagination.

Ainsi l'auteur d'Héloïse se délectait à contempler
une Pervenche; ainsi le vainqueur de Rocroy se
consolait de sa captivité de Vincennes, en y culti-
vant des OEillets, cette fleur de son choix.

Or, après l'OEillet que nous avons essayé de
réhabiliter dans l'estime des amateurs, la fleur de
prédilection à laquelle nous nous sommes voué tout
entier, c'est la PENSÉE!.. C'est par elle que nous
nous sentons vivre : chacun des rêves de notre
existence s'empreint de ses couleurs, chacune de
nos espérances se parfume à ses douces émanations;
agir, pour nous, c'est penser à elle, et penser à elle,
pour nous, c'est agir; enfin, si cette fleur n'avait
pas reçu le joli nom qu'elle porte, nul doute que
nous ne l'eussions inventé.

Bien souvent nous nous sommes demandé d'où
venait ce nom, si elle le devait à son attitude médi-
tative, à ce bouton penché sur sa tige qui semble
un front qui médite; ou si elle l'avait reçu à cause
des lieux où on la rencontre et qu'elle fréquente
plus volontiers, lieux de solitude et de paix, d'ombre
et de silence, sanctuaire que la PENSÉE de l'homme
chérit et affectionne et où elle se trouve à l'aise,
loin du bruit et du grand jour?... Le regard de

l'homme méditatif s'est peut-être aussi arrêté sur cette fleur quand il s'entretenait avec lui-même : et a-t-il voulu alors nommer d'un nom sympathique le seul témoin de ses méditations et qui animait sa solitude sans la détruire?..

A ces questions, l'homme doué d'une sensibilité exquise répondrait affirmativement, n'était la science de nos jours qui se mettrait sans doute à lui rire au nez.

La culture de la Pensée est donc devenue une de nos œuvres de prédilections; c'est le travail incessant auquel nous avons attelé notre constance, persuadé que celui qui s'occupe d'une chose spécialement doit la bien faire et obtenir des résultats satisfaisants. C'est cette espérance qui nous a poussé sur le sentier où nous sommes entré et sur lequel nous marcherons avec confiance et persévérance.

Mais si ces instincts que nous signalions tout à l'heure, ou plutôt ce penchant inné, pour parler mieux, est entré pour quelque chose dans notre choix, la raison y est entrée pour beaucoup plus, car c'est elle qui a fixé notre détermination; nous pourrions ajouter que le sentiment y a bien aussi ajouté sa bonne part, car c'est avec son aide, surtout, que nous avons pu dire :

La Pensée, cette humble fleur, a été reléguée jusqu'ici au rang des plantes vulgaires et communes, parce qu'en effet on la rencontre partout : on la voit fleurir au sein des prairies d'Europe comme aux flancs escarpés des cimes du Nouveau-Monde. Elle se penche sur le bord de nos ruisseaux du nord, ainsi que sur les riches plateaux des montagnes du sud. Quel voyageur, en gravissant des rochers incultes, ne s'est réjoui de la voir se mêler et s'enlacer aux ronces grisâtres qui les tapissent, et tempérer ainsi, par sa douce présence, leur aspect âpre et sévère? Qui n'a été ravi de voir poindre sa gracieuse tête au-dessus des pelouses vertes? Enfin, partout où nos pas la rencontrent nous la cueillons et nous nous en parons volontiers; elle charme nos regards comme nos souvenirs. Et cependant, hélas! lorsqu'on en parle, c'est à peine si on a un mot qui révèle un peu de l'intérêt qu'elle nous inspire! Son tort, il est vrai, est de ne nous donner que la peine de la cueillir : ce que nous pouvons faire à chaque pas.

Qu'on nous montre, au contraire, une fleur dont nos yeux aient été rarement frappés, une fleur d'origine lointaine, d'extraction étrangère, dont l'exportation et les voyages aient une histoire écrite; qu'on nous parle des soins inouïs qu'elle a coûtés pour l'introduire dans notre sol, pour la faire fleurir sous notre ciel; qu'on nous dise que, pour tromper cette plante et lui faire croire à la terre natale, il a fallu lui composer une atmosphère; et, enfin, qu'on nous raconte les peines que l'on s'est données pour arriver à ce résultat : alors, nous n'aurons pas assez d'affection et d'admiration pour saluer cette étrangère : nous lui donnerons la place d'honneur; en un mot, nous lui ferons tout l'accueil que nous refusons à cette fleur qui vit comme en famille avec nous... la PENSÉE !

Il nous semble qu'il y a là, non-seulement une sorte d'ingratitude pour les bienfaits reçus et qui nous entourent, mais encore une sorte d'injustice, et, je dirai plus, quelque chose qui ressemble à un manque de patriotisme. L'hospitalité, sans doute, est une chose utile, une chose commandée ; mais il est bon de ne la pas pratiquer au détriment des siens.

C'est donc pour combattre le préjugé consistant à n'accorder ses sympathies qu'aux fleurs étrangères d'une culture difficile et dispendieuse, que nous avons entrepris un travail tendant à prouver que les fleurs les plus communes ont un mérite souvent supérieur à celui des fleurs les plus rares, car elles ont toujours l'avantage immense de ne demander que ces soins faciles, produits de nos loisirs. Ce travail, qui déjà nous a valu des encouragements si distingués, puisque (nous pouvons le dire, et avec un sentiment de vive gratitude) il a été couronné par la Société Royale d'Horticulture, ce travail, enfin, c'est la CULTURE SPÉCIALE DE LA PENSÉE.

Non pas que nous ayons la prétention de détruire le préjugé que nous signalons ; ce serait témérité et présomption : toujours l'homme se passionnera pour le produit de ses œuvres ; et plus une chose lui aura coûté de peine à obtenir, plus elle lui deviendra précieuse, et plus, en conséquence, il sera disposé à lui prodiguer son or et son admiration, n'eût-elle en soi aucun mérite.

Après tout, que les riches amateurs n'aiment et ne recherchent que les fleurs exotiques : libre à eux ; ils possèdent le droit d'avoir des fantaisies, puisque c'est un droit monnayable ; mais libre à nous aussi de prendre parmi les fleurs qu'ils dédaignent une fleur simple et toute humble, pour la doter richement et l'habiller d'une façon splendide, afin de l'introduire, ainsi parée, dans le monde horticole, et la présenter à ceux mêmes qui la trouvaient trop bas placée pour abaisser leur regard sur elle. Il nous semble qu'il n'y a là, de notre part, rien d'exagéré, rien de prétentieux.

Il en est de cela comme de ces enfants du peuple qu'une éducation forte et qu'une instruction solide ont fait croître et mûrir, et qui, dans l'âge des fruits, nous ont donné et nous donnent ces illustrations, ces grands hommes qui font nos gloires... Et qu'a-t-il fallu pour toucher ce but? Un peu de bonne terre, sans doute, mais des soins, mais de l'art, mais de la culture par-dessus tout. Ainsi, l'églantier est un arbuste bien commun, relégué aux barrières de nos champs qu'il protège et défend ; et cependant c'est lui qui a donné naissance à la Rose, cette vieille et toujours jeune souveraine de nos fleurs.

Cela ne veut pas dire que les plantes exotiques n'aient pas également droit à notre admiration ; à

Dieu ne plaise! nous voulons dire seulement que leur mérite et leur beauté ne peuvent être que le patrimoine du petit nombre; que la rareté, d'ailleurs, ne fait pas la vraie beauté; et enfin, que notre beauté à nous sera la beauté populaire, celle-là qui est mise à la portée de tous et dont tous peuvent jouir. Nous n'en aurons pas moins de reconnaissance pour les gouvernements dont la munificence seule peut reconnaître et encourager dignement ces importations étrangères, cette culture qu'on pourrait appeler aristocratique.

Nous n'avons donc pas besoin d'aller chercher au loin ce que notre sol et notre ciel ont mis à notre portée. Et, pour citer un second exemple à l'appui de notre assertion, qui pourrait aujourd'hui, dans le *Dahlia*, riche des couleurs et des formes que nous admirons, reconnaître la maigre et *chétive* fleur *d'où il est sorti?* Comme notre Pensée, c'était un enfant des prairies; trente années ont suffi à peine à l'amener au point où il est parvenu, grâce aux soins assidus et intelligents de nos horticulteurs les plus habiles et les plus expérimentés. Quelles métamorphoses se sont opérées sur cette plante, depuis la fleur obtenue par Cavanilles de Madrid (en 1792) et celle obtenue par MM. le comte *Lelieur*, *Soutif*, et aujourd'hui par MM. *Chauvière*, *Rabelin*, *Chereau*, etc.! Or, ce qu'on a fait pour le *Dahlia*, pour l'*Églantier*, pourquoi ne le ferait-on pas avec autant de succès pour cette fleur de notre choix : la Pensée?

Humble comme la violette sa sœur, la Pensée semble n'être restée obscure jusqu'ici qu'à cette fin que l'un de ces amis du mérite qui se cache ait la gloire de la mettre en lumière. Cette gloire en vaut bien une autre; mais nous ne serons heureux et fier de la revendiquer que lorsque nous aurons pu la faire partager entièrement au public amateur; car point de bonne et vraie gloire s'il ne peut en recueillir le fruit.

C'est donc dans l'espérance que l'estime et la bienveillance qu'on nous a déjà témoignées nous seront conservées que nous poursuivrons avec ardeur la tâche que nous avons entreprise; trop heureux, d'ailleurs, de penser que notre œuvre ne sera, après tout, qu'une œuvre nationale, puisque la plante qui nous occupe n'avait eu jusqu'ici les avantages d'une culture assidue que chez nos voisins d'outre-mer, culture qui avait valu à ses variétés la dénomination de *Pensées anglaises*. Il y a donc dans notre conscience d'horticulteur, comme dans notre cœur de Français, quelque chose qui est agréablement remué, quand nous songeons que désormais la France aura ses *Pensées françaises*; et c'est à nos soins actifs et à notre zèle assidu que notre pays devra de n'avoir plus besoin, lorsqu'il désirera de belles, de grandes, de gracieuses fleurs de Pensées, d'aller les demander aux Anglais, ces rois du monopole. Or, si nous arrachons ce fleuron de leur couronne, ce n'est que pour en orner celle de notre France.

La Pensée a déjà beaucoup acquis; elle a pris dans l'opinion des amateurs sans préjugés le rang distingué qui lui convient. Ce qu'on lui accordait au nom du sentiment, on le lui donne à présent à cause de son mérite et de sa beauté; alors la sympathie seule agissait, maintenant la justice est venue s'y joindre.

C'est à ce point où nous l'avons amenée nous-même que nous la prenons et que nous entreprenons de développer en détail nos idées pratiques sur sa culture. A propos de nos réflexions, nous pourrons peut-être encourir le reproche de ressembler à un père qui fait longuement et avec délices l'éloge de son enfant: nous avouons notre faible; mais notre parti est pris. Qu'on nous permette cependant encore un mot, que nous adressons particulièrement aux personnes que la culture de notre plante peut intéresser: nous nous ferons toujours un devoir et un plaisir de leur indiquer, quand elles le désireront, les découvertes que nous pourrons faire pour ajouter à la perfection de la Pensée et augmenter la somme de jouissance qui doit en résulter.

DE LA

PENSÉE DES CHAMPS.

SON ORGANISATION. — POINT DE VUE BOTANIQUE.

Pour connaître et savoir bien ce que c'est qu'une plante, il faut le demander à la botanique : cette science s'en occupe uniquement et la considère sous tous ses aspects. Voulant rendre notre tâche aussi complète et aussi utile que possible, nous croyons devoir emprunter son langage, tout aride et sévère qu'il puisse paraître à ceux à qui il n'est pas familier.

La Pensée étant une espèce du genre Violette, nous devons, pour la décrire, remonter à son type. Elle appartient donc au genre charmant des Violettes ; nous ne pouvons pas décrire tous les caractères qu'offre cette famille, nous dirons seulement que ce sont des plantes herbacées, ou des sous-arbrisseaux à fleur à cinq pétales presque toujours inégaux.

Le genre Violette appartient à la pentandrie-monogynie du système sexuel de Linné, ou de la cent vingt-quatrième famille de la méthode de Jussieu.

La Pensée offre les caractères suivants :

Un *Calice* persistant, à cinq divisions prolongées au-dessous de leur base : *Corolle* composée de cinq pétales inégaux, les supérieurs plus grands terminés à leur base en éperon ; cinq *étamines* soudées par leurs anthères membraneuses à leur sommet ; l'*ovaire* supérieur, un style ; le stigmate droit en entonnoir ; le fruit est une capsule à trois angles, à une seule loge, s'ouvrant en trois valves, qui ont beaucoup d'élasticité après la maturité ; les semences, attachées le long du milieu des valves, ovoïdes, très-petites, luisantes, un périsperme charnu.

Les habitudes de la Violette et de la Pensée sont à peu près les mêmes ; ces deux fleurs ne diffèrent essentiellement que par leur vêtement et par les dons particuliers que la nature leur a départis, l'une se montre humble et modeste quand l'autre étale toutes les parures de la coquetterie.

Nous avons désigné la Violette comme étant le type de ce genre de fleur, il serait injuste avant de nous occuper uniquement de la Pensée de ne pas dire quelques mots de la Violette.

La nature, en produisant la Violette odorante sous un extérieur très-simple et assez uniforme, n'avait eu en vue que de former le type de la nombreuse famille des violacées ; mais, regrettant sans doute de s'être montrée trop sévère, elle l'a gratifiée du doux parfum qui s'exhale de son sein ; quelques-unes de ses variétés ont été revêtues de couleurs moins sombres que celle qu'elle porte habituellement, mais beaucoup d'entre elles n'ont pas hérité de sa qualité odorante.

On remarque dans ses variétés : la Violette blanche, la rose et la Violette violet-clair.

Les variétés qui se sont doublées par la culture ont produit la double bleue, la double bleue en arbre, la double blanche, la double rose, la Violette de Parme, et celle de Bruneau.

La Violette ne se revêt pas d'un élégant manteau comme la Pensée, elle n'a pas ses brillantes couleurs, ni son large développement, ni ses dessins bizarres, mais elle ne captive pas moins l'attention. Si elle ne frappe pas d'abord, elle se décèle par un parfum qui embaume l'air. Doit-on s'étonner si en se cachant sous son épais feuillage elle se fait deviner et rechercher avec un mystérieux soin? N'est-ce pas à juste titre qu'elle fait alors les délices de chacun, surtout du jeune âge qui a tant de rapport avec elle?... Première fille du printemps, on la revoit avec reconnaissance. Toutes les espérances de cette charmante saison se résument en elle pour ainsi dire.

Cette modestie qu'il faut vaincre n'est pas non plus sans enseignement; la jeunesse ne lui en tient pas compte; mais l'âge mûr, où le sentiment est plus développé, lui en sait gré, car elle devient un thème de méditations utiles. C'est l'exemple de la vertu qui se cache, et que ses bienfaits seuls révèlent.

Elle n'est étrangère non plus ni à l'art ni à la science.

L'*art de guérir* a recours à ses feuilles, où Galien a reconnu des propriétés rafraîchissantes. L'*économie domestique* exprime de ses fleurs l'arome suave dont elles sont douées et que l'eau leur enlève. Ainsi, dans certains cas, ces fleurs peuvent devenir des baumes à nos douleurs : *Utile ulci*.

L'*industrie* en tire une couleur pourprée qu'elle fait passer au rouge ; enfin la *chimie* s'en sert comme réactif pour reconnaître la présence des acides qui le rougissent, et celle des alcalis qui le colorent en vert.

La Violette présente aussi son côté historique. L'espèce odorante (1) la plus répandue de toutes était chérie et très-recherchée dans la plus haute antiquité. C'était pour les Grecs et les Celtes, nos aïeux, le symbole de l'innocence et de la virginité ; ils en décoraient la couche de la beauté et le cercueil des jeunes filles ravies prématurément aux caresses de leur mère.

Elle est encore pour les Allemands la fleur indispensable aux funérailles.

____

(1) Nous indiquerons plus loin le mode de culture qui convient à la Violette odorante.

LA PENSÉE CULTIVÉE.

HISTOIRE, PERFECTIONNEMENTS ET DÉVELOPPEMENTS.

Puisque tout intérêt personnel bien entendu implique l'intérêt général et s'y rallie forcément, celui donc qui ne sépare pas son avantage de celui d'un public bienveillant et équitable, doit en quelque sorte lui rendre compte de son travail aussi bien que de ses succès, en l'initiant aux essais successifs et aux tentatives par lesquels il est parvenu à des résultats dont chacun pourra jouir désormais.

Cette considération nous engage ici à essayer de lui retracer tout ce que nous avons pu étudier et recueillir sur l'heureux développement de la Pensée; de lui faire connaître, en un mot, la part que nous revendiquons de cet immense progrès, le chemin qu'il nous a fallu faire enfin pour arriver à pouvoir lui offrir cette fleur aussi perfectionnée que possible, et de plus (qu'on nous permette de le dire), parfaitement *nationalisée*.

Ce sera véritablement un historique de cette plante, à laquelle nous avons voué une bonne partie de notre travail, et nous pouvons dire de notre existence. Ce sera prouver l'intérêt qu'elle nous inspire.

Pour remonter, donc, non pas à l'origine de la Pensée, mais à son apparition si brillante, si inattendue dans le monde horticole, il faut un moment que le public amateur veuille bien passer avec nous la Manche, et suivre un moment le cours de la Tamise, et se résigne à respirer quelque temps au milieu de ces brouillards britanniques qui, au premier abord, semblent devoir être hostiles aux fleurs : car c'est là, dans cette atmosphère si pesante, au milieu de cette nature sévère et sombre, mais ravivée et embellie par l'art et la persévérance des habitants, que s'est élevée, que s'est balancée sur sa tige la première Pensée digne de ce nom. Oui, c'est là, il faut franchement en convenir, qu'elle a trouvé ses premiers admirateurs et cette espèce de culte que nous nous empressons aujourd'hui de lui rendre.

C'est à une jeune fille qu'appartient la gloire de s'en être occupée sérieusement. C'est la fille du dernier comte de Tankervill, d'origine française, lady Mary Tennet, qui, la première, eut l'idée de faire une collection de ces fleurs. C'était en 1810. Le jardin de son père à Walton, sur la Tamise, n'était orné que de Pensées. Chaque année, à l'aide de semis, sa collection augmentait et se multipliait en richesses et en beautés. De ce jour un nouvel amour, une passion ignorée jusque-là se faisait jour dans le cœur des amateurs de belles fleurs.

M. Richard, jardinier du domaine de Walton, étonné des succès croissants, émerveillé des beautés

obtenues, en fit part à M. Lee, qui, émerveillé à son
tour de ce qu'il voyait, se mit à les cultiver avec ardeur. D'autres bientôt suivirent un exemple qui
promettait aux uns de si douces jouissances, et aux
autres des bénéfices certains.

Lady Ledelay s'est aussi distinguée dans la culture
de cette plante. Elle eut l'idée de réunir tout ce
qu'elle put se procurer de variétés de Pensées à
grandes fleurs: quoique leurs corolles ne décelassent
pas encore le développement qu'elles ont atteint depuis, cependant, les tons veloutés qui leur sont na-
turels se modifiant et se variant dans chaque individu, elle obtint, à l'aide de nombreux semis, des
résultats nouveaux sur la coloration et sur la grandeur. La Pensée avait déjà fait un grand pas vers
sa perfection.

Des amateurs distingués, des horticulteurs de talent se prirent d'un sérieux intérêt pour cette
fleur et lui donnèrent des soins empressés et conti-
nus. Ces soins obtinrent des résultats nouveaux, qui
furent couronnés par de nombreux encouragements.
Un élan général s'ensuivit : chaque Pensée faisait,
à son tour, éclore un amateur, et chaque amateur
avait sa Pensée à lui ; chaque jardin avait sa place
réservée à la nouvelle plante qui ne restait jamais
en arrière des soins qu'on lui donnait, et qui avait
toujours de nouvelles faveurs à accorder aux attentions bienveillantes qu'on avait pour elle.

Dès lors la Pensée avait acquis un développement tel que les sociétés d'horticulteurs, qui sont très-nombreuses chez nos voisins, et qui, pour ainsi dire, suppléent à nos journaux pour la publicité de tout ce qui concerne l'agriculture, et notamment l'horticulture, ces sociétés crurent de leur intérêt et de leur devoir d'intervenir : elles proposèrent des médailles pour les plus belles Pensées. La carrière était belle : la même fleur pouvait être couronnée par plusieurs sociétés à la fois, si chacune d'elles lui reconnaissait du mérite. Ainsi, plusieurs médailles obtenues devenaient autant de recommandations puissantes pour une fleur auprès des amateurs de chaque localité qui réunissait une association horticole. Il faut convenir que, suivant le mode d'encouragement si multiplié, il résulte plus d'avantage pour la satisfaction des amateurs individuellement que dans le mode adopté par nos sociétés françaises, qui ne couronnent que des collections.

Une fois la célébrité de la Pensée proclamée par de si nombreux échos, la mode s'en mêla, la mode dont l'empire n'a pas de bornes, la mode dont les caprices se communiquent comme l'étincelle électrique ; elle fit donc chorus. Dès lors chaque lord, chaque propriétaire, voulut avoir sa collection, qui revenait souvent à des prix très-élevés ; de sorte que les horticulteurs, ainsi encouragés et récompensés, firent bon accueil et choyèrent le mieux qu'ils purent la fleur qui leur avait été si reconnaissante. — La Pensée était devenue une fleur de distinction ;

elle fut même pour quelques horticulteurs une spé-
cialité.

Tandis que nos voisins étaient en voie de pro-
gression et d'encouragement relativement à la Pensée, nous restions, nous, Français, ensevelis dans
une profonde indifférence pour elle, paralysés que
nous étions par le préjugé qui nous montrait cette
fleur comme indigne de nos soins et de notre sollicitude, comme incapable d'arriver à plus de perfection.

M. Lémon est le premier qui eut l'idée de l'introduire en France. Mais les Pensées qu'il possé-
dait, quoique charmantes et bien supérieures à ce
que l'on connaissait alors chez nous, surtout dans
leurs couleurs, laissaient beaucoup à désirer dans
leur forme. Malgré ses travaux, il ne put rien obtenir de meilleur.

C'est donc seulement à M. Boursault qu'il faut
s'arrêter pour rencontrer la véritable Pensée ré-
générée. C'est en 1835 seulement que l'on pouvait
en admirer quelques-unes dans son beau jardin de
la rue Blanche, si connu des amateurs. C'est là donc
que je pus les voir et les admirer, et que je conçus
pour elles, dès la première vue, un intérêt qui ne
s'est ni démenti ni refroidi depuis. Cependant je ne
pus en obtenir le moindre fragment dans le but d'en
élever et d'en soigner moi-même.

J'avais pressenti tout le progrès qu'elle avait encore à faire, tout le développement où elle pouvait

arriver à force d'études et de soins, enfin tout le parti que l'on pouvait en tirer. Pour satisfaire à mes désirs et réaliser mes espérances, je choisis les plus parfaites entre les Pensées que nous avions déjà : la Pensée bleue, qu'on appelle la *Duchesse de Berry*, une autre bordée de blanc nommée la *Reine Elisabeth*, et une anglaise que l'on appelait *Thompson*, assez imparfaite, du reste, fixèrent mon choix. Ces trois plantes, semées en grand, produisirent quelques fleurs modifiées assez heureusement. Elles furent resemées de nouveau, et des plantes très-différentes de leur type en sortirent; resemées encore, j'obtins des modifications notables et très-sensibles dans leur forme et dans leurs dessins. C'était là ce que je cherchais; je touchais incontestablement au but que j'avais entrevu de bien loin : la perfection dans la forme; car jusque-là on ne s'était attaché qu'à la couleur.

Après des années d'un travail soutenu et d'essais toujours heureux, j'apportai mes résultats à l'Exposition de l'Orangerie des Tuileries. Mes Pensées y furent accueillies avec un certain enthousiasme par le public. Monseigneur le duc d'Orléans sembla vouloir sanctionner cet assentiment en m'achetant une grande partie de ma collection.

Seule, la Société Royale d'Horticulture, pour qui ce genre de culture était nouveau, se tint sur la réserve; elle ne se prononça pas. Je n'eus pas lieu de m'en désespérer, car nous savons tous que cette réserve est un garant de son équité. C'est ainsi que dans sa prudence elle prépare la récompense qu'elle veut donner.

L'encouragement du prince, qui avait pris l'initiative, devint néanmoins un bon germe qui porta ses fruits. Nous persévérâmes dans notre culture, faisant des sacrifices assez onéreux, de continuelles expériences, qui nous mirent en état d'envoyer à l'Exposition suivante de l'orangerie du Luxembourg une collection nouvelle.

Mais un émule avait surgi!...... Une autre collection de même nature que la nôtre était venue y prendre rang, et avec cette dénomination assez hasardée pour le lieu : *Pensées anglaises*. Nous n'hésitâmes pas (c'était un devoir pour nous) à donner à la nôtre une appellation contraire; et dès lors nos Pensées reçurent le titre national de *Pensées françaises*, que nous avons eu toutes sortes de raisons de leur conserver. (Nous fûmes forcé ensuite d'ajouter la dénomination de Pensées à *grandes fleurs* par le motif que nous déduirons tout à l'heure.)

Cette fois, la Société Royale d'horticulture, témoin de notre constance et de nos efforts, se trouva à même d'apprécier l'importance de notre travail. Elle vota dans son sein une médaille pour cette culture, et cette médaille nous fut décernée publiquement. La récompense fut reçue avec reconnaissance. Aussi, l'année suivante, nous exposâmes, dans une séance particulière de la société, des Pen-

sées dont la perfection était telle que les Pensées
anglaises les plus fameées ne pouvaient éclipser en
rien la supériorité des nôtres. Les progrès avaient
été sensibles, les résultats étaient incontestables. Ces
fleurs devenues magnifiques entre nos mains avaient
acquis tant de faveur auprès du public, que d'autres
horticulteurs entrèrent immédiatement en lice. Tel
est l'effet efficace des encouragements de nos sociétés.

Ainsi donc, au stimulant de nos succès était venu
se joindre celui de la concurrence; il fallut désormais avancer, car rester au point où nous étions
parvenu, garder seulement la position conquise,
c'eût été reculer : dès lors les considérations de
nationalité furent mises de côté, mais notre but était
atteint : nous avions concouru à prouver que la
dénomination de Pensées anglaises était arbitraire ,
puisque nous étions arrivé au même résultat chez
nous; la position était enlevée. Dès lors, toutes les
belles Pensées, soit françaises, soit anglaises, furent
admises dans notre collection; et pour concilier l'intérêt de chacun, nous fûmes obligé d'accepter, quoi-
qu'à regret, les dénominations de la science, qui ne
fait acception ni de nation, ni de personnes, et de nous
résigner à les nommer tout simplement PENSÉES A
GRANDES FLEURS.

CULTURE.

CAUSES DE LA DÉGÉNÉRESCENCE DES PENSÉES.

On croit généralement que les Pensées dégénèrent. Ce mot a besoin d'être expliqué, parce que,
en effet, elles subissent une altération sensible dans
leur coloration et dans la grandeur de leurs corolles,
suivant l'influence de la chaleur ou par d'autres
causes accidentelles. Elles dégénèrent encore par le
semis, car il est reconnu que généralement les
races tendent à s'abâtardir lorsqu'on les aban-
donne à elles-mêmes : en semant, quatre années
suffisent à cette plante pour revenir à son type
primitif. Ces faits ne prouvent pas néanmoins sa dégénérescence absolue, ils prouvent seulement que
le semis peut la modifier en bien ou en mal, et ce
semis doit être seulement considéré comme un moyen
d'obtenir de nouvelles variétés. On ne doit pas l'employer pour perpétuer des combinaisons déjà obtenues, car le hasard seul pourrait reproduire les
mêmes effets, tant cette plante reçoit facilement la
fécondation des plantes voisines. Elle trompe ainsi
en se jouant l'attente de la main qui l'a semée.

Mais par les autres moyens de multiplication elle
se reproduira telle qu'elle s'est présentée dans son

principe; et si elle s'est altérée momentanément, elle reviendra toujours aussi belle qu'on aura pu la voir sitôt que les causes modifiantes auront cessé d'agir.

Ces plantes, naturellement rustiques, ne redoutent rien de la rigueur de nos hivers. Les neiges, les frimas, les pluies froides, les transitions subites de température si fatales aux autres plantes, n'influent presque point sur les Pensées. A voir leur organisation herbacée, on serait loin d'imaginer qu'elles ont tant de vitalité. En revanche la grande chaleur leur est funeste, c'est à elle principalement qu'il faut attribuer cette altération évidente de leur coloration; elles ne sont à leur aise que lorsque cette chaleur est tempérée, ce qui n'a lieu qu'en avril, mai et juin.

Si elles continuent de fleurir après avoir épuisé tout le luxe d'une floraison admirable, c'est pour nous laisser des souvenirs du plaisir qu'elles nous ont procuré. Pourrait-on leur tenir rigueur de n'être pas constamment aussi belles et aussi séduisantes que dans leur jeunesse! La Rose, la Rose elle-même ne dure pas plus d'un jour; et elle n'est jamais plus attrayante que lorsqu'elle est épanouie et qu'on n'a plus rien à espérer d'elle.

Sans doute, les personnes qui se sont occupées sérieusement de notre fleur ont souvent éprouvé des déceptions. Parfois elle paye d'ingratitude la main généreuse qui lui a donné des soins assidus,

elle trompe l'œil avide et caressant qui épie avec
anxiété le moment de son épanouissement ; mais il
faut bien lui pardonner ce tort, ou plutôt il faut
faire en sorte de le prévenir, car ce tort peut être
le résultat de causes accidentelles, et auxquelles
on peut remédier quelquefois, telles que l'influence
de la chaleur, l'opportunité de la plantation, l'état
de santé, la qualité de la terre, les rameaux trop
nombreux, ou la privation d'air, etc.

Il est donc très-essentiel que les Pensées soient
plantées avant que la terre soit complétement ré-
chauffée par le soleil. Il est de fait qu'elles sont no-
tablement plus belles au printemps qu'en toute autre
saison. Quand on n'a pu effectuer cette plantation
que tardivement, il ne faut pas s'en prendre à la
fleur si elle dépérit : il ne faut pas la juger sévère-
ment, car elle n'aura pas eu le temps de se développer suffisamment pour donner de belles corolles
avant que la grande chaleur ne l'ait surprise par sa
funeste influence. Dans cette occurrence il n'est pas
douteux que sa dimension naturelle ne soit réduite,
que ses dessins ne soient altérés ou amoindris, et sa
forme très-contrariée. Elle devient donc ainsi hors
d'état d'être jugée avec impartialité ; et si on n'a pas
à l'avance l'idée de cette dégénérescence momenta-
née, on la rebutera : cependant à qui la faute ?
Cette plante ainsi accidentée aurait peut-être été
l'orgueil d'une collection, une plante délicieuse dans
toute autre circonstance plus favorable.

Nous pensons que les amateurs nous sauront gré de ces observations. Nous leur indiquons les moyens de conserver leurs fleurs, de les préserver de ce qui peut leur nuire. Nous les prévenons eux-mêmes, dans leur sollicitude, en cherchant à détruire un préjugé très-légèrement accrédité, et en leur expliquant les faits qui, au premier aperçu, peuvent l'autoriser.

TERRE QUI LUI CONVIENT.

Si l'on excepte l'influence funeste que la grande chaleur exerce sur les Pensées, comme nous l'avons dit, cette plante peut résister à toutes les intempéries de l'air. C'est l'une des plus robustes que l'on connaisse, la moins exigeante pour les soins nécessaires lorsque l'on se contente de sa beauté naturelle et qu'on n'a pas la prétention d'en former des collections. Elle végétera donc dans toutes les terres, et quelquefois la plus ingrate, la moins fertile produira de bons résultats, suivant que la plante se trouvera douée d'éléments de beauté.

Cependant, on comprendra facilement qu'en raison de la qualité de la terre on a la chance d'obtenir des résultats plus beaux, plus assurés et plus satisfaisants. La fleur, incontestablement, doit acquérir un plus grand développement et des couleurs plus franches. Ceci dérive d'une loi générale qui s'applique à toute espèce de fleur lorsqu'on désire la perfection.

Ainsi placée dans une terre riche et parfaitement appropriée, la Pensée sera en position d'arriver à un tiers de grandeur en plus sur celles qui croîtraient sur un mauvais sol, ou même sur un sol ordinaire. Bien alimentée, elle soutient sa végétation avec plus de constance, elle se développe beaucoup mieux et peut se conserver plus long-temps qu'une autre moins favorisée par la culture.

La terre la plus favorable à la Pensée serait une terre argileuse et siliceuse à la fois, enrichie de terreau de feuilles, ou bien de fumier de cheval et même de vache, suivant que la terre sera plus ou moins légère.

On voudra bien nous permettre ici une légère observation sur la composition et les qualités de la terre propre à la culture.

Les praticiens peuvent distinguer d'une manière infaillible les diverses qualités et propriétés de chaque terre : il n'en est pas toujours de même de quelques amateurs ; ils peuvent très-bien confondre une terre franche avec une terre forte, parce que chacune de ces terres a l'argile pour base ; cependant l'emploi de l'une pour l'autre en horticulture produit des résultats bien différents. Les plantes les plus précieuses ont souvent été victimes de cette méprise. Il importe donc d'expliquer ce fait.

La terre franche a une couleur de gris-jaunâtre ;

elle est douce au toucher et se pulvérise parfaitement entre les doigts ; sa ténuité et sa porosité permettent à l'eau de la pénétrer et de s'en échapper
facilement ; sèche, elle se divise sans se gercer ; elle
n'offre aucune résistance aux instruments qu'on emploie pour la travailler.

La terre forte a beaucoup de ductilité lorsqu'elle
est humide, ce qui la rend onctueuse au toucher,
mais avec cette différence que, comprimée avec les
doigts, elle prend toutes les formes qu'on veut lui
donner ; elle se laisse difficilement pénétrer par l'eau,
et lorsqu'elle en est imprégnée elle se conserve long-
temps humide, ce qui est très-préjudiciable aux
plantes délicates, car beaucoup périssent par la
pourriture.

En se séchant cette terre se durcit, puis se gerce,
et si les racines ont pu la pénétrer elles se trouvent en
contact avec l'air qui les dessèche. Aussi on corrige,
sans doute, cette terre par le sable, mais on ne peut
lui donner les particules d'argile fines qui font son
principal mérite.

Une terre franche telle que nous la désignons est si
favorable à la végétation que toutes les plantes peuvent
y être cultivées, à bien peu d'exceptions près ; il
suffit, pour lui donner la faculté végétative au plus
haut degré, d'y ajouter seulement un peu d'humus
ou terreau.

Les substances qui composent les terres végétales
sont en général peu nombreuses. Ce sont la silice,

l'alumine, la chaux ; mais ces éléments sont dans des proportions très-différentes, ce qui fait que telle terre est nuisible, ou a besoin d'être modifiée pour la culture de certaines plantes. Si la terre franche convient généralement à toutes, c'est que les éléments qui la composent sont dans des proportions plus favorables à la végétation. Cependant, l'art modifie encore cette terre suivant le besoin des plantes, ou l'intention qu'on a de les faire parvenir à un développement plus complet.

PLANTATION.

Pour jouir complétement de l'ensemble d'une floraison on ne prendra que des plantes en état de prospérer. Il faudra surtout connaître la qualité de chacune d'elles. Si l'on ne prenait pas ce soin, il en résulterait que les plantes malades se développeraient mal, fleuriraient peu, et que leur feuillage contrasterait avec celui des plantes voisines. Ces plantes malades choqueraient l'œil de l'amateur, qui se verrait forcé de les remplacer. Il y aurait encore inconvénient dans ce remplacement pour l'ensemble, car si ces dernières placées semblent ne pas souffrir d'abord, et même si elles fleurissent abondamment et sans altération sensible, cette belle végétation n'aura qu'une quinzaine de jours de durée, parce que les boutons qui devaient succéder auront avorté. Cette interruption de sève n'a pourtant rien d'inquiétant pour la santé de la plante-mère ; mais jusqu'au retour de nouvelles fleurs, l'effet que doit produire le massif est incomplet et la jouissance bien retardée.

On espacera en tout sens les plantes à 25 centimètres d'intervalle. A l'automne elles occuperont toute la place et ne formeront qu'un tapis de verdure. Un paillis léger devient nécessaire pour entretenir la fraîcheur sur la surface de la terre, et pour favoriser la radification des rameaux qui naissent sur le collet des racines ; il favorise également la germination des graines qui s'échappent sans qu'on s'en aperçoive. Si ce paillis était trop épais il nuirait plutôt que d'être utile et bienfaisant, car dans ce cas la plante s'étiolerait. Cette opération faite, les plantes exigeront des arrosements moins fréquents. Aussitôt les fleurs parues, on retranchera celles qui ne seraient pas convenables ; la sève agira avec plus d'activité dans celles qui seraient conservées. Toutes les fleurs, à l'aide de ces petites attentions, fleuriront abondamment et avec ensemble ; sinon il faudra encore les retrancher jusqu'à ce que l'œil soit satisfait de leur développement.

EXPOSITION. — ARROSEMENT.

Une bonne exposition est indispensable lorsque l'on veut cultiver avec un soin particulier une plante de choix. Notre Pensée, peu susceptible, n'en exige aucune de préférence ; elle ne réclame que toute la plénitude de l'air ; il faut qu'elle respire en toute liberté.

Si elle se trouvait en état de maladie, alors seulement elle aurait besoin d'être abritée, ou encore lorsqu'on veut la multiplier. Beaucoup d'amateurs croient que cette plante doit mieux réussir sous un abri quelconque, c'est une erreur, un véritable préjugé.

Les Pensées exposées aux rayons du soleil effectuent admirablement bien leur floraison ; leurs fleurs sont belles, grandes, d'une pureté sans égale. Une demi-ombre produite par de grands arbres très-élevés a cependant l'avantage de faire ressortir la beauté de leurs couleurs, mais elles ne doivent pas être exposées à l'ombre ; car après leur floraison, les Pensées ainsi placées s'étiolent ; elles vieillissent avant le temps. On les conserve moins aisément d'ailleurs, on en jouit moins qu'en les exposant en plein soleil. Si on veut leur procurer cette demi-ombre, il faut au moins choisir de préférence la place où les rayons brûlants du soleil du midi ne pourront les atteindre, mais où il les échauffera pendant huit heures de la journée.

Si l'air est nécessaire à la Pensée, l'eau ne lui est pas moins favorable lorsqu'elle se trouve dans un état parfait de santé. On sait que l'eau est un agent des plus puissants et qui contribue nécessairement au plus parfait développement des plantes. Mais si la Pensée était en état de maladie, l'eau ne pourrait qu'accélérer sa perte, si l'arrosement n'était pas employé avec discernement et discrétion; la trop grande humidité ferait pourrir les racines, et favoriserait le développement d'une multitude d'insectes parasites dont la plante serait bientôt victime.

FLORAISON.

Le printemps renait; son aimable cortége se compose de fleurs tendres et délicates. Les plus hâtives, comme la Perce-neige et l'*Auricule*, ont signalé son retour si désiré; les autres se groupent à leur suite et à leurs côtés. Elles rivalisent toutes d'attraits; elles plaisent toutes, quoique chacune d'elles soit douée de dons particuliers. Un air de coquetterie distingue celle-ci; des couleurs vives et brillantes embellissent cette autre; quelques-unes, sous un extérieur fort simple, séduisent par leur parfum; les moins bien partagées sous les rapports de la beauté se rendent utiles par leurs propriétés; toutes, enfin, resplendissent sous un air de jeunesse et de fraîcheur, qui caractérise parfaitement cette délicieuse saison où la sève engourdie reprend toute son activité. Le règne de ces jolies fleurs a fort peu de durée, mais elles se succèdent à l'envi pour nous dédommager de leur absence pendant un si long-temps. Bientôt toutes ces parures si légères dispa-

raissent, les belles corolles se flétrissent, mais chacune a tenu ce qu'elle avait promis.

La Pensée seule, fille privilégiée du printemps,
doit l'accompagner, par une faveur insigne, jusqu'à
la fin et au delà souvent. Pendant toute la saison,
elle continue de fleurir généreusement. Ses forces
augmentent et lui permettent de fournir une plus
longue carrière que ses compagnes, à notre grande
satisfaction.

L'amateur qui l'adopte la considère déjà avec un
certain plaisir dans son berceau ; son tendre feuillage se développe bientôt, se revêt d'une teinte d'un
vert fin et plus foncé ; ses feuilles se découpent
agréablement ; au milieu d'elles, de nombreux boutons se présentent, la fleur commence à poindre.
Les boutons promettent, il est vrai, quelquefois plus
qu'ils ne donnent !..... L'espérance nous a toujours bercés agréablement, et elle est douce même
quand elle nous trompe.... Mais que la jouissance
est complète lorsque cette fleur épanouie se montre
et se dessine nettement sous un vêtement des plus
magnifiques !

Cette corolle de la Pensée qui vient de se développer sous nos yeux se compose de cinq pétales.
Les deux premiers sont comme deux étendards qui
recouvrent et protégent les trois autres ; ils se rat-
tachent tous sur un centre commun qui est toujours
jaune, jaune plus ou moins intense et parfois verdâtre. Ce disque est entouré pour l'ordinaire d'une

auréole blanchâtre. Les deux étendards seront, tantôt recouverts d'une couleur pourprée, laqueuse, violet-foncé, tantôt d'une couleur bleue plus ou moins pure ; quelquefois ils seront bordés de blanc ou de jaune sur leur extrémité supérieure : ce qui simulera parfaitement un galon d'or ou d'argent. Les trois autres pétales pourront se rencontrer de la même couleur, ou bien ils seront blancs, jaunes ou bleu-de-ciel. On pourra encore les voir enrichis de couleurs métalliques et chatoyantes. Du centre de la fleur rayonnent sur ces trois pétales un certain nombre de stries qui s'harmonisent très-bien avec leur couleur qui est souvent unique. S'ils présentent plusieurs couleurs, elles feront encore mieux ressortir ces dessins fantastiques qui semblent former, comme le mobile kaléidoscope, des groupes plus ou moins bizarres, des combinaisons tout idéales, d'autant plus curieuses qu'on n'a pu en aucun cas s'en faire une idée à l'avance.

Quelquefois la fleur semble avoir dédaigné ce luxe : les cinq pétales se montrent uniformément coloriés, soit en beau violet-pourpré, parfaitement velouté, soit en bleu clair, en jaune-intense ou de toute autre nuance. Cette couleur unique s'étend parfois en s'affaiblissant vers le centre de la fleur, et parfois encore des dessins bizarres apparaissent comme des ombres à travers cette auréole colorée.

Que l'on se figure donc actuellement une collection de Pensées, réunies en un massif au plus beau

moment de la floraison; toutes ces corolles si séduisantes se tournent vers le soleil suivant leur habitude; et si, par hasard, un doux zéphyr vient à les ca-
resser, ne croirait-on pas les voir s'agiter comme les
ailes des papillons ! Notre imagination au moins ne
leur prêtera-t-elle pas avec quelque raison cette ressemblance ? Mais, rentrant dans la réalité, l'œil as-
surément ne saura où se reposer. Parmi tant de
beautés, quelle sera donc la plus attachante ? Le
choix devient difficile. Une collection, même peu
nombreuse, aura toujours plus d'attrait pour un
amateur qu'une fleur isolée; car détacher du groupe
la plus attrayante, ce serait renoncer à un ensemble
imposant et vraiment inappréciable; cependant on
regarde cette fleur comme l'expression d'un sentiment. Dans le langage convenu des fleurs, Pensée
est synonyme de Souvenir. L'art sait choisir la plus
brillante pour la faire revivre sous le pinceau déli-
cat d'un Redouté, d'un Pascal, et sous celui encore
(peu connu) de madame Tremblai, aimable artiste qui
a donné des preuves de son joli talent en ce genre.
L'industrie les adopte aussi comme des modèles pour
en orner les parures de nos dames. Elles sont donc
destinées à briller collectivement ou isolément; elles
se prêteront à toutes les fantaisies qui, au demeurant,
leur assurent une espèce d'immortalité.

Cette individualité a donc ses partisans; c'est justice. Mais pour l'amateur et l'horticulteur, il faut
placer notre Pensée sur un plus vaste théâtre afin

de faire valoir toutes ses qualités particulières et collectives. Un massif de Pensées peut seul donner une idée de la richesse d'une pareille création. Une Pensée isolée est jolie sans doute, elle peut être même très belle; mais collectée elle paraît encore plus belle: toutes les nuances mises en opposition acquièrent plus de valeur; un beau blanc fait ressortir un jaune vif, un riche violet velouté qui enveloppe presque toute la corolle lui prête un air de sévérité et de majesté qui plaît, parce qu'il forme contraste avec cette autre corolle qui étale et fait valoir avec une certaine coquetterie ses couleurs tendres, rosées ou azurées. L'œil ébloui ne sait plus où se reposer, mais l'imagination vient en aide, et se jouant sur la qualification ou sur le nom de Pensée donné à cette fleur, elle ne la désigne plus que par ce qui la distingue éminemment, et pour elle c'est la Pensée sombre, sérieuse ou mélancolique, la Pensée noble, brillante ou fantastique; enfin, chacune de ces fleurs se voit décorée d'une épithète plus ou moins justifiée, plus ou moins gracieuse ou sévère.

Ce beau coup d'œil dépendra essentiellement de l'arrangement des fleurs. Sont-elles placées en amphithéâtre, l'effet en sera magique! Tout en admirant cette prodigieuse et brillante floraison, l'amateur n'aura plus qu'à surveiller les plantes, car s'il désire en obtenir de bonnes graines, elles sont très-fugitives, nous l'en avons prévenu, et beaucoup lui échapperont, s'il les néglige.

CONDITIONS D'UNE BELLE FLEUR.

Il faut avoir vu et avoir possédé des Pensées parfaites pour devenir rigide dans leur adoption. Si l'on n'a pas de sujet de comparaison on se laisse aisément séduire par leur coloris, dont la gamme est très-étendue. En effet, une coloration aussi éclatante que diversifiée distingue cette fleur, même dans son état sauvage ; le pinceau le plus habile ne la reproduit pas toujours dans toute sa vérité.

Le coloris, tout admirable qu'il est, ne suffit pas néanmoins pour placer une Pensée au premier rang ; il lui faut une contexture, une réunion de parties qui puissent flatter l'œil et la faire remarquer, surtout au milieu de ses compagnes.

Or, la *première qualité* requise pour arriver à la perfection désirée sera une forme arrondie, des pétales bien étoffés se réunissant et s'imbriquant sans laisser aucun vide entre eux. Cette forme si heureusement obtenue par la culture et d'ailleurs si agréable à l'œil, s'harmonise très-bien avec les couleurs qui l'embellissent ; bien qu'elles soient très-variées sur la même corolle, elles se fondent agréablement sur ce tissu velouté qui par son lustre ajoute encore à leur éclat.

Des dessins curieux seront la *seconde qualité* requise. La *troisième* sera la grandeur, bien que certains amateurs apprécient cette condition à l'égal du

Duc de Norfolk

Captivation

dessin. Sans doute une Pensée dont le dessin est bien accusé sera toujours remarquable, mais elle le sera bien davantage lorsque sa forme sera bonne; et quelque grande qu'elle soit, si une Pensée manque de forme, elle sera rejetée.

La grandeur d'une Pensée est donc, selon nous, très-désirable, mais non pas indispensable. La nature n'a-t-elle pas ses caprices? Elle peint et exécute largement ou en miniature, et la beauté, la perfection s'y retrouvent également; il faut bien lui céder quelque chose, et savoir se contenter. Que notre fleur soit géante ou naine, elle peut nous offrir des couleurs admirables ou des dessins fort extraordinaires, ce qui n'empêche pas quelques amateurs de s'en tenir systématiquement aux plus grandes fleurs. Pour eux apparemment, la variété n'a pas de charmes et la beauté c'est l'étendue.

La *quatrième* condition requise sera le coloris. Une Pensée dont les couleurs douteuses laisseraient beaucoup à désirer, si, d'ailleurs, elle réunissait les trois autres qualités requises, et si notamment elle portait des dessins bien curieux, bien inattendus, cette fleur devrait être conservée, même avec soin, car avec le temps elle pourrait produire d'heureuses modifications. On pourra d'ailleurs la comprendre dans la classe des Pensées bizarres, classe qui trouvera encore beaucoup d'amateurs.

La perfection en toutes choses n'est pas commune, ce qui fait que, malgré les soins assidus et bien calculés de l'horticulteur, la Pensée ne se montre pas toujours aussi parfaite qu'il le désirerait. Mais aussi l'homme n'est-il pas trop exigeant dans ses goûts ? Voit-on jamais la nature agir symétriquement dans tout ce qu'elle exécute, comme nous essayons si souvent de le faire ? Si donc une Pensée offre un léger défaut, selon nos idées de régularité ; à coup sûr, il sera compensé par plusieurs qualités remarquables. Il n'y aura pas là de motifs suffisants pour répudier cette fleur : *Diversité dans l'ordre* semble être la maxime de la nature.

Cette indulgence cependant doit avoir des bornes. Une Pensée dont les couleurs ne seraient ni pures, ni franches, dont les stries s'étendraient hors de proportion et sans grâce sur la corolle, dont les dessins seraient confus, cette Pensée serait éconduite aussi impitoyablement que les grandes fleurs manquant de forme. Le barbouillage dans le coloris doit être considéré comme une monstruosité, attendu que la belle coloration est un don tout particulier à cette fleur, et formant déjà une de ses perfections toutes naturelles. Il n'y aurait d'exception pour elle que dans le cas où elle présenterait quelque chose d'inattendu dans son ensemble ou dans ses détails, ce qui se rencontre bien rarement.

Le port de la Pensée sur sa tige est encore une qualité secondaire qui n'est point à dédaigner. Cette fleur doit s'élever suffisamment au-dessus de son feuillage et se bien présenter sur son pédoncule ;

enfin il faut, pour arriver à son complément de perfections, que ses couleurs restent fixes au moins pendant tout le temps de son triomphe, c'est-à-dire pendant toute la saison du printemps.

Ces règles dans le choix ne sont pas arbitraires ainsi qu'on pourrait le croire, elles reposent sur le goût éclairé par l'expérience et par cet instinct du beau et du vrai, d'où naît le sentiment de la convenance qui a établi toute règle, surtout dans les arts et les sciences de sentiment.

RÉCOLTE DES GRAINES.

Si l'on veut semer des Pensées seulement pour l'ornement d'un jardin, et si l'on ne tient pas à la perfection de chacune d'elles, on pourra les laisser se ressemer d'elles-mêmes ; mais si on s'occupe sérieusement et par goût de cette jolie plante, et qu'on désire en obtenir des variétés remarquables, avec une petite quantité de graines, on ne récoltera que sur les plus parfaites. Leur nombre sera naturellement très-limité ; encore ne faudra-t-il pas recueillir toutes celles qu'elles pourront produire, mais seulement celles des premières fleurs, et toujours sur les fleurs intactes et irréprochables.

Aussitôt que les fleurs diminuent de grandeur, la plante n'est plus dans son état normal ; alors il est instant d'étêter ou de couper la pousse avec ses boutons, de manière à ne laisser que les graines

produites en premier lieu par les grandes fleurs.
Celles-ci, uniques héritières de la sève qui se serait
répartie dans les autres fleurs ainsi que dans les
boutons ou bourgeons supprimés, se montreront
plus fortes et plus belles. Cependant, il y a des plantes
qui donnent difficilement graine et ne peuvent être
assujetties à ce traitement.

En opérant ainsi, on sera sûr de ne point confondre les graines qui ont été produites par de grandes fleurs belles et remarquables avec celles de
fleurs chétives et insignifiantes. On aura la certitude que les graines seront de nature à produire
beaucoup d'individus régénérés.

Il faudra marquer préalablement chacune des
plantes sur lesquelles on se propose de récolter des
graines; mais la difficulté sera d'arriver juste à
temps pour les recueillir, attendu qu'aussitôt qu'elles sont à maturité elles s'échappent de leurs capsules comme d'un bond pour se répandre à une très-
grande distance du pied qui les a produites.

Un de nos amateurs les plus distingués ayant
quelques plantes d'un mérite supérieur, avait imaginé, pour remédier à cet inconvénient, ou le prévenir même, de lier à chaque pédoncule de la fleur
un petit cornet de papier qui tenait enfermée cette
irritable capsule, de manière que les graines pus-
sent s'y répandre forcément sans perte. Le procédé
était fort ingénieux, mais il n'est réellement prati-
cable que pour un amateur oisif. Les Anglais en-

tourent leurs plantes d'une gaze, afin de ne point les
laisser échapper. Cette manière de faire ne convien-
drait nullement à un horticulteur ou à un amateur,
obligé de diviser son temps entre plusieurs collections de différentes plantes.

On peut cependant obvier à cette disposition fugitive des graines, à leur dispersion, sans autant de
soins. Il suffira, d'abord, de bien observer la plante
dans son travail de fructification. Aussitôt que sa
fleur sera passée, la capsule se montrera et se cour-
bera sur son pédoncule, décrivant un demi-cercle à
mesure qu'elle mûrira; de cachée qu'elle était sous
les feuilles elle finira par revenir en vue ; son long
pédoncule se redressera de nouveau comme au moment de la floraison : c'est là précisément le moment de s'emparer promptement de cette capsule,
source de richesses futures ; car un jour plus tard il
ne serait plus temps, elle aurait dispersé ses graines.

Pour exercer cette inspection attentive, une vi-
site par jour doit suffire. L'on récoltera ainsi ses
graines sans en perdre aucune, après s'être rendu,
comme nous l'avons dit, maître de la capsule qui les
recèle encore. Ce moyen est le plus simple et le plus
infaillible que l'on puisse pratiquer pour parvenir
au but désiré.

La graine sera toujours bonne, à moins que les
capsules n'aient été flétries accidentellement ; elle
finira de se colorer à mesure qu'elle subira l'action
de l'air où on l'exposera ; après quoi, elle devra

4.

être mise dans un lieu sec et aéré, jusqu'à l'époque où l'on en disposera pour la semer.

PORTE-GRAINE.

On doit apporter le plus grand soin dans le choix des porte-graines, ou plantes propres à produire de nouvelles variétés par le semis. C'est de ce choix que dépendra tout le succès de la régénération.

Le coloris est plus facile à obtenir que la forme et les autres qualités énumérées. On obtient de riches couleurs sur un petit nombre de plantes provenant du semis de graine de choix dont les couleurs seraient insidieuses; tandis que des graines au nombre de plusieurs milliers provenant de fleurs qui n'ont que le coloris en partage ne produiront aucune plante parfaite; il faut, à cause de cela, n'avoir égard à la couleur qu'autant que la fleur revêtue des couleurs désirées possédera au moins quelque autre qualité recommandable.

Quoi que l'on fasse, la coloration a ses caprices; elle varie, elle disparaît souvent par le semis; on a vu une Pensée blanche se métamorphoser en une Pensée jaune; une jaune s'accidenter de violet, de rose et même de bleu.

Ainsi, rien de très-positif dans ces combinaisons; le plus rationnel est de considérer dans la fleur la forme comme étant la première et la plus essentielle des conditions requises.

Si la fleur du porte-graine n'est pas ronde, il est presque impossible qu'elle puisse produire d'autres fleurs parfaites, et cependant c'est ce type, le plus difficile à obtenir, qui constitue le principal mérite de notre Pensée, c'est sa qualité par excellence.

Il faut chercher ensuite les fleurs dont les dessins sont parfaitement accusés; choisir encore de préférence les plus bizarres, les plus extraordinaires, celles qui s'éloignent davantage de leur type sauvage, enfin celles qui paraîtront les plus parfaites sous tous les rapports.

Pour obtenir de bons résultats, l'on s'attachera moins au nombre de plantes pour en faire des porte-graines, qu'aux qualités requises qui ne se rencontreront que sur le plus petit nombre. L'expérience nous a démontré d'une manière très-positive que dix plantes parfaites, donnant chacune cent graines, produiront un meilleur résultat qu'un arpent de terrain employé en semis de Pensées dont les graines auraient été récoltées à l'aventure, sans aucune considération pour les conditions qui, seules, peuvent constituer une plante supérieure, lors même que les plantes seraient à grandes fleurs, et pourvues de riches couleurs.

Les graines de la Pensée sont très-abondantes. A l'inspection, il n'est guère possible de reconnaître si elles produiront des plantes supérieures ou non. Mais il est facile de s'assurer si ces graines proviennent de Pensées à grandes fleurs; celles

produites par ces dernières sont ordinairement plus
grosses, moins allongées et plus brunes que celles
des Pensées ordinaires.

CONSERVATION DES VARIÉTÉS PAR OEILLETONNAGE.

Tous les moyens connus de multiplication con-
viennent à la Pensée; mais celui qui convient le
mieux, parce qu'il est naturel, c'est l'œilletonnage.
Beaucoup de plantes vivaces se régénèrent chaque
année par une nouvelle radification, la Pensée est
du nombre de ces plantes. Il arrive que, lorsqu'elle
a vieilli, ses rameaux étant devenus nombreux et
trop compactes, la racine principale ne peut presque plus suffire à alimenter la plante qui succom-
berait si les soins et l'art ne venaient à son aide.
Déjà, comme par prévoyance, chacun des rameaux
a projeté de légères racines au collet de cette racine
principale; des rejets s'en sont échappés également
pour s'implanter isolément un peu plus loin, et former de nouvelles tiges. On peut hardiment profiter
de ce travail de la nature, de cette disposition de la
plante à se multiplier elle-même, sans qu'il puisse
en résulter aucun dommage pour elle, si on le fait
avec discrétion toutefois.

Au mois de mai environ, on œilletonnera les
Pensées pour en faire une seconde plantation; puis,
cette seconde plantation suffisamment développée
pour que les jets qui se seront formés soient enraci-

nés, on les extraira encore pour faire une troisième plantation. De cette manière, lorsque la floraison des premières commence à s'effectuer, les secondes arrivent à leur beauté, puis les troisièmes. C'est ainsi que l'on peut se procurer une floraison admirable qui se prolongera depuis les premiers jours du printemps jusqu'aux gelées, sans interruption. Elles veulent être tenues constamment en état de végétation et de jeunesse. Là est tout le secret de leur conservation. Il est évident que l'on doit plutôt compter sur de jeunes plants que sur de vieux pieds, soit pour supporter l'influence de la chaleur qui leur est si funeste, soit pour éprouver les transitions subites de température en hiver.

Cette suppression de bourgeons est encore un bienfait pour la plante-mère. La sève étant obligée de se répartir dans un nombre trop considérable de bourgeons, donne infailliblement moins de fleurs; le vieux pied, de son côté, fleurit aussi jusqu'au moment, où, épuisé par la saison ou la vieillesse, il sollicite la main de l'horticulteur à le rabattre pour arrêter, autant que possible, les effets de la caducité.

Si parfois l'automne était sec, ces jeunes rejetons pourraient bien éprouver quelque malaise... mais quelques soins et leur jeunesse les remettraient bientôt en parfaite santé, et on les verrait fleurir encore dans cette même saison.

MULTIPLICATION POUR L'ANNÉE SUIVANTE.

Quand vient l'arrière-saison, lorsque le soleil s'éloigne de nous et que la terre, commençant à se refroidir, devient plus constamment humide, il faut songer à la multiplication définitive des Pensées. Ce sera vers le 15 septembre. A cette époque le moindre fragment de la plante pourra la reproduire. Elle n'a plus d'ennemis à craindre, elle est revenue à sa température normale. Les jeunes plants se maintiendront également sous cette température, ils braveront même plus tard les frimas.

La plante-mère pourra être divisée à l'infini. Pourvu qu'il y ait une pousse développée à la fraction qu'on voudra faire enraciner, on peut compter sur sa reprise. En opérant le déchirement, il sera toujours plus avantageux de conserver au rameau détaché tant soit peu de racine, quand on la trouvera saine; dans le cas contraire il vaudrait mieux la retrancher tout à fait. On aura encore grand soin d'ôter les pucerons qui pourraient s'y trouver. Les rameaux totalement dépourvus de racines ne s'enracineront convenablement qu'avec plus de temps, mais ils ne réussiront pas moins bien que les autres et fleuriront également.

Les nombreux rameaux obtenus par les multiplications se plantent en pleine terre, très-près les uns des autres; et au printemps ils seront entièrement pourvus de racines ; alors on pourra sans inconvénient les transplanter pour occuper une place fixe et déterminée.

SEMIS.

Le semis est une opération d'une haute importance, puisque d'elle dépendent l'augmentation et la richesse d'une collection.

On ne doit opérer le semis que vers la fin de juillet, ou dans les premiers jours d'août. Si on ne dispose que d'une petite quantité de graines, on aura l'attention de les semer en terrine sur une terre légère ; on égalisera cette terre à la main, ayant soin de la presser davantage sur les bords pour n'y laisser aucun vide : on la comprimera ensuite avec un corps à surface plane. Ainsi préparée, on s'assurera si les graines sont bien également réparties sur cette terre ; si elles ne l'étaient pas on les disséminerait avec le doigt.

Une fois les graines convenablement placées, on les recouvre de la même terre mêlée de terreau, à la hauteur d'une ligne et demie à deux lignes, puis on arrose légèrement. Cette terrine sera placée immédiatement dans un lieu abrité du soleil, ou bien elle sera recouverte d'une toile qui empêchera la trop prompte évaporation de l'humidité ; faute de laquelle la surface de la terre se durcirait, ce qui nuirait évidemment à la germination. Cette toile a dù être exhaussée pour que le plant ne soit point cependant tout à fait privé d'air. Au bout d'une quinzaine de jours, après qu'il sera levé, il pourra se passer de tout abri.

On peut, sans doute, réussir sans avoir recours à tous ces soins minutieux ; mais lorsqu'on a peu de graines et lorsqu'elles sont précieuses, on ne doit rien négliger pour les faire lever convenablement, même grain par grain.

Si l'on veut semer en pleine terre, et qu'on tienne à une réussite complète, les mêmes soins sont nécessaires, parce qu'ici il faut avoir égard à la saison. Une saison humide exige beaucoup moins de soins, les graines lèvent naturellement, se trouvant dans une situation convenable ; mais au mois de juillet, il faut, à force d'art et de travail, remplacer la température qui est contraire aux semis par une autre plus favorable.

Il sera bon, avant de semer les graines, surtout si on ne les a pas récoltées chez soi, de les examiner attentivement, car il sera facile de voir si elles donneront des Pensées à grandes fleurs. Celles que l'on récolte sur les Pensées ordinaires sont beaucoup plus petites, plus blondes et plus allongées que celles à grandes fleurs.

Les Pensées semées en juillet et en août seront fortes au printemps suivant ; elles pourront fleurir abondamment dans les premiers jours d'avril ; tandis que si on les sème trop tard, ou si on les sème seulement au printemps, elles ne fleuriront que sur l'arrière-saison, et seront assujetties à la maladie du *blanc* sans avoir pu donner de fleurs. Ne pouvant les juger, l'intérêt qu'on leur portait ne pourra que diminuer, et de très-bons plants risqueront ainsi d'être perdus.

Au bout d'un mois il faudra les repiquer à 6 centimètres de distance, en tout sens. En novembre on pourra les repiquer de nouveau suivant que la place sera disponible, et même les laisser en place pour fleurir, si on le juge à propos, ou bien les repiquer seulement au printemps si on ne peut faire autrement.

MALADIE.

Rien n'est plus beau qu'un massif de Pensées exposées aux rayons vivifiants du soleil du printemps, lorsqu'elles resplendissent sous mille nuances de pourpre, d'or ou d'azur, qui les rendent si séduisantes.

C'est alors qu'il faut se hâter d'en jouir, car dès que le soleil de juillet vient remplacer celui de mai, l'éclat de toutes ces brillantes couleurs se ternit, les rameaux s'allongent, se creusent et vieillissent : cette belle corolle est sur le déclin de sa floraison. Non-seulement elle a la chaleur à combattre, mais ce qui place cette plante dans une situation plus déplorable c'est la maladie que nous avons citée plus haut sous le nom de *blanc*. Cette maladie est funeste si on la laisse prendre de l'empire sur la plante; elle l'infecte, la sève se corrompt, devient sucrée, elle attire les pucerons, les pucerons attirent les fourmis, et la plante dont les racines sont exposées à l'air par le ravage de ces insectes se dessèchent du matin au soir.

La maladie est bénigne si la prévoyance de l'amateur y porte un prompt remède. Il doit, aussitôt qu'il est assuré de sa présence, retrancher toutes les feuilles qui en sont atteintes afin d'en arrêter les progrès. C'est ordinairement les vieilles feuilles, les rameaux qui se sont lignifiés qui en sont atteints plus communément. Si après avoir retranché ces feuilles la plante était toujours malade, il faudrait alors couper ses rameaux à la distance de huit centimètres du sol, et éviter de donner de l'eau à la plante, attendu qu'après ce retranchement, l'absorption est moins active; la trop grande humidité pourrirait les racines, et la force vitale se trouverait absolument paralysée.

L'opération faite il faudra favoriser l'action de la sève, lui donner le temps de réagir, mettre ces plantes à l'abri d'un soleil ardent, depuis onze heures jusqu'à trois, et cela pendant une huitaine de jours. Aussitôt que les jeunes Pensées, ainsi débarrassées des rameaux qui leur étaient nuisibles, se seront endurcies, et auront repris assez de force, on pourra

les exposer au grand air. La plante supportera très-
bien la chaleur, et pourra même donner une bonne
floraison d'automne suivant l'époque où l'opération
aura été faite. Dans tous les cas elle sera très-pro-
pre à la multiplication.

Ce remède est violent, mais la maladie est d'autant
plus désastreuse qu'elle se communique aux plantes
voisines.

Nous avons tenté plusieurs essais pour remédier
à ce mal ; voici quels en ont été les résultats : comme
il suffit qu'une plante soit atteinte de la maladie
pour que toutes les autres le soient peu de temps
après, il nous est venu à l'esprit que si nous trou-
vions le moyen de guérir les plantes infectés individuellement nous remédierions au mal général,
et qu'en enlevant immédiatement la plante attaquée
nous pourrions ainsi couper court à la contagion.

A l'automne 1843 quelques plantes de mérite,
abandonnées à cause de ce mal qui les avait atteintes,
furent choisies aussitôt pour y appliquer nos expériences. Nous les considérions d'avance comme per-
dues. A peine restait-il à la feuille une teinte verdâtre.
Chacune de ces plantes fut mise sous cloche ; nous
fîmes brûler du soufre sous l'une de ces cloches,
sous une autre nous dégageâmes de l'acide muria-
tique au moyen de sel commun (muriate de soude)
et d'acide sulfurique. Cette opération nous réussit
parfaitement ; nos plantes furent entièrement gué-
ries, et elles se portent on ne peut mieux aujour-

d'hui : cependant nous ne garantissons pas l'entière efficacité du remède, parce que l'opération a été faite tardivement. L'acide n'a peut-être participé que pour moitié dans ce résultat, et la saison froide pour l'autre moitié. Quoi qu'il en soit sur ce fait, nos plantes ont recouvré une santé parfaite. C'est une expérience à tenter de nouveau et dont nous nous occupons dans ce moment avec tout l'intérêt possible. Aussitôt que nous aurons obtenu des résultats positifs nous nous empresserons d'en faire part aux amateurs.

Le blanc est une maladie assez commune ; beaucoup de plantes et d'arbres même en sont infectés ; le tilleul, le pêcher, la giroflée, l'asclépias, le volkaméria, les rhubus, les rosiers même en sont souvent atteints ; mais elle n'est pas préjudiciable au même degré à toutes ces plantes. Cette maladie est produite par la sécheresse : elle se manifeste çà et là sur quelques feuilles, et toutes en sont bientôt atteintes, tant elle se propage avec une rapidité remarquable. L'humidité ne la détruit point toute seule, elle reparaît après les pluies avec autant d'intensité, il faut le concours d'une saison froide pour l'anéantir complètement.

Les horticulteurs sont parfaitement d'accord sur ses ravages, mais ils émettent des opinions diverses sur la cause qui la produit. Ayant constaté sa présence sans en chercher la cause, on n'a donc pu en rendre raison.

Le caractère de cette maladie est une poussière farineuse qui recouvre la fleur, puis des taches noires apparaissent. Elle est produite par un champignon qui appartient au genre érysiphe (Érysiphe commun). Il forme de petites taches qui, vues au microscope, sont formées de filaments très-ténus, articulés, qui s'étendent en s'amoncelant; lorsque les filaments, au lieu de rester intimement fixés sur l'épiderme, se redressent, on voit qu'ils constituent des sortes de chapelets, dont l'extrémité porte un renflement, soit ovoïde, soit globuleux. Les globules sont stériles; je ne suppose pas qu'ils puissent propager la maladie. Mais les filaments se rompent probablement au moindre contact; au moindre choc un véhicule quelconque les transporte, il se trouverait multiplié de cette manière.

Cette maladie est toute superficielle, elle ne pénètre point dans le parenchyme. Mais celui-ci subit une altération remarquable; les utricules qui le constituent, au lieu de renfermer de la matière verte, se gorgent d'un liquide de couleur violet très-intense. Les taches noires qu'on aperçoit ne sont pas le commencement de la maladie, elles en sont évidemment la suite et ne paraissent nullement à craindre.

Quelquefois les Pensées meurent par l'effet des racines qui pourrissent. Et le cas est fréquent. Aussitôt qu'on s'en aperçoit on les tranche et on coupe même jusqu'à ce que les bourgeons paraissent sains.

Ces bourgeons replantés s'enracinent très-bien s'ils
ne sont pas atteint du *blanc*.

COLORATION DES FLEURS. — DES GOUTS DIVERS.

Dans le nombre des attraits et des charmes
qui nous séduisent et nous font rechercher les
fleurs, la coloration joue un premier rôle, surtout dans celles qui ont peu ou point de parfum.
En effet, ne semble-t-il pas que, dans la fleur
qui vient de nous occuper, la nature ait voulu
faire une juste compensation en donnant à notre
Pensée une plus riche parure à mesure que son
parfum à diminué? Son mérite principal consiste
donc dans les effets les plus harmonieux de ses couleurs; les nuances en sont généralement riches, soit
qu'elles se présentent isolées ou réunies deux, trois
ou plus sur une même fleur. Indépendamment de la
couleur, il faut encore tenir compte des nuances de
chacun de ces tons; c'est ce qui constitue le plus
ou le moins de vivacité de la coloration.

Toutes ces harmonies de couleur observées sur
un même individu ne doivent-elles pas raisonnablement servir de guides pour harmoniser les fleurs
réunies en groupe dans nos bouquets et sur nos par-
terres. Plus les différences sont grandes et plus les
accords en sont agréables et attrayants. Il n'y a donc
pas lieu à exclure une seule belle variété, puisqu'elle
fait ainsi valoir chacune de celles avec qui elle forme
une harmonie quelconque.

La nature fait des fleurs de toutes les nuances, de tous les tons; c'est dans cette inépuisable fécondité que nous trouvons les jouissances si chères au cœur et à l'esprit du floriculteur; c'est donc renoncer, sans équivalent, aux plus douces sensations que de donner exclusivement la préférence à telle coloration plutôt qu'à telle autre.

Une Pensée toute blanche peut être une fort belle fleur... soit... Mais un massif de Pensées blanches ne serait pas plus séduisant qu'un jardin qui n'offrirait qu'une seule et même espece de plante, c'est-à-dire toujours la même.

La répétition d'un même objet, si beau qu'il soit, fatigue par sa monotonie. Ce goût singulier serait une dénégation formelle du bienfait de la nature, qui, au moyen de ces variétés de nuances, de couleurs et de tons, a voulu encore répondre au besoin de variété qui est en nous.

On dit souvent : « Il ne faut pas disputer des goûts et des couleurs.» Cela est juste, mais à condition que le proverbe sera bien compris. Que veut dire ce proverbe si ce n'est que toutes les couleurs sont belles; ce qui légitime les préférences, mais non pas les exclusions systématiques ?

En résumé, faudra-t-il donc méconnaître ces combinaisons admirables de la création qui n'ajoutent rien à la plante relativement à son utilité, mais qui sont beaucoup et même tout pour l'homme qui sait les apprécier ? Notre Pensée est si richement organisée dans son coloris, que nous désirons qu'elle soit accueillie favorablement sous toutes ses apparences. A nos yeux, les Pensées à fond blanc, jaune, tricolore, panaché, seront également remarquables si nous y rencontrons les conditions de beauté requises; mais nous blâmerons toujours les préférences injustes, les exclusions impitoyables: suivant nous, ce caprice ne semblera jamais en harmonie avec le bon goût.

1. Violette type de la Pensée — 2. Pensées sauvages — 3. Racine de la Violette — 4. Rejets — 5. Calice persistant — 6. Bract tel qu'il s'ouvre dans la maturité — 7. Pétale d'une corolle à ongle cuculé, ou en capuchon — 8. Calice, Étamines, Pistil — 9. Graine très grosse.

LA

VIOLETTE ODORANTE.

On cultive plusieurs variétés de cette plante intéressante dans nos jardins. Quelques-unes d'elles ont la propriété de refleurir à diverses époques de l'année, ce qui leur a fait donner la dénomination de Violettes des quatre saisons. Plusieurs variétés ne diffèrent que par la couleur : telles sont la Violette bleu-clair, la rose, la blanche ; d'autres se sont doublées par la culture, la Violette double-bleu en arbre, la double-rose, la double-blanche, celle de Parme, celle de Bruneau dont les pétales extérieurs sont violets, les intérieurs panachés de blanc et de rouge sur un fond violet. Toutes ces variétés sont vivaces, indigènes, et d'une multiplication facile au moyen des rejets immédiatement après la floraison naturelle, qui est en mars.

On ne cultive guère pour le commerce des fleurs que la Violette des *quatre saisons* et la Violette de *Parme*. La Violette commune est la seule qu'on emploie en médecine, bien que toutes les variétés de cette plante aient la même propriété; elle se présente si communément et en telle abondance qu'il devient inutile de la cultiver particulièrement pour son emploi pharmaceutique.

La consommation des fleurs de la Violette est considérable. Elle est fort recherchée pour la composition des bouquets à cause de sa couleur sombre et uniforme, qui relève l'éclat des autres fleurs; ensuite à cause de son parfum délicieux, puis encore parce qu'elle annonce les beaux jours du printemps. Elle est si estimée sous ce rapport, que, lors même qu'elle est passée, on simule sa présence en la remplaçant par la *Viola altaïca*, Pensée à fleur violette dont la couleur rappelle la Violette odorante, avec un peu de son parfum.

La Violette est d'une culture facile; on parvient à hâter sa floraison sans difficultés, aussi cette culture est-elle lucrative.

Au mois d'octobre on peut commencer à la mettre sous châssis. Elle exige fort peu de préparation de terre, il suffit de cribler la surface du sol disposé à la recevoir et d'y ajouter un peu de terreau; encore n'est-ce pas rigoureusement exigé. On a soin que cette terre remplisse le coffre, ne laissant que 16 centimètres de vide, de manière que les plantes puissent jouir de toute la lumière et de toute la plénitude de l'air que le temps permettra de leur accorder. On espacera ces plantes de 6 centimètres seulement, parce que, renfermées, les feuilles s'élèvent au lieu de s'étaler. On arrosera légèrement, on mettra des châssis en procurant de l'air à ces plantes au moyen d'une cale de bois de la hauteur environ de huit centimètres.

Lorsque l'on voudra avancer la floraison d'une plante, il faudra bien se pénétrer qu'elle exige des soins plus minutieux et plus répétés que dans son époque naturelle. C'est lui créer de nouveaux besoins, auxquels il faut souscrire avec exactitude sous peine de n'avoir aucun résultat satisfaisant. Mieux vaudrait, si on le faisait négligemment, laisser la nature opérer ses prodiges dans le temps propre à chaque fleur.

Le châssis que l'on donne à la plante est comme un nouveau ciel et une nouvelle atmosphère, qu'il faut savoir combiner de manière à augmenter la chaleur de l'air dans lequel elle doit vivre sans que cet air soit trop humide ou trop sec : là est toute la difficulté. Aussi la plantation faite, on doit la visiter souvent pour savoir si l'humidité est trop considérable ; dans ce cas on augmenterait le volume d'air. Il faudra aussi retrancher soigneusement les feuilles jaunes ou flétries que la privation d'air aura pu occasionner ; cependant il faudra les priver totalement d'air, lorsque le temps sera trop froid ou trop pluvieux. A mesure que les rayons solaires deviendront plus chauds on devra bassiner légèrement : un demi-arrosoir par panneau suffira.

Comme les plantes seront attendries par ce traitement, elles auront à craindre la gelée ; on devra donc les couvrir de manière à prévenir les accidents, autant que pour concentrer la chaleur que les rayons solaires auront produite dans la journée.

Si on veut avoir des résultats prompts on pourra faire une couche avec du fumier consommé, de manière qu'elle produise une chaleur douce et soutenue. On la recouvrira ensuite de terre à une hauteur un peu plus élevée que celle que nous avons indiquée, attendu que cette couche par la fermentation s'affaisse et isole les plantes du verre : de cette manière, on aura des fleurs au moins un mois avant celles qui n'auront pas reçu de couches; elles fleuriront presque spontanément; en peu de temps la récolte pourra en être faite, tandis que celles en pleine terre fleuriront plus lentement, mais se succéderont comme elles le font en plein air.

Lorsque la fleur sera épuisée on lèvera les châssis vitrés, afin que l'action de l'air endurcisse ces plantes. En mars, à l'époque naturelle de la floraison, on pourra diviser les pieds pour être replantés, ils seront très-bons à être chauffés au mois d'octobre suivant. Ce que nous avons dit à propos de cette Violette s'applique également à la culture des diverses espèces ou variétés que nous avons indiquées.

L'AURICULE,

ou

OREILLE D'OURS.

———◆———

AVANT-PROPOS.

La famille des Primulacées nous offre à son tour
une beauté digne d'un vif intérêt. L'affection que
nous avons vouée précédemment à l'OEillet et à la
Pensée ne nous rend pas exclusif au point de ne voir
dans le monde floral que ces deux fleurs. Nous sommes loin de leur attribuer, comme on l'a fait quelquefois, toutes les grâces, tous les parfums, toutes les qualités réparties sur chacun des membres de la grande
famille des végétaux d'agrément. Il est des choses
que l'homme aime simplement, et d'autres pour lesquelles il se passionne; mais il est rare qu'une affection, quelque grande qu'elle soit, tienne assez
de place dans son cœur pour le remplir entièrement.
Ainsi, lorsque nous dirigeons nos pas vers les plates-
bandes où croissent et se développent nos enfants de
prédilection, leur vue ne nous empêche pas, si nous
rencontrons sur notre passage quelques jolies fleurs,

de leur donner une part de nos soins, sans rien ôter pour cela à notre affection pour l'OEillet et la Pensée, ces fleurs bien-aimées.....

Or l'Auricule vient de fixer notre attention, précisément parce qu'on semble l'avoir négligée. Nous nous sommes dit en la contemplant : Cette fleur est une ancienne favorite de nos amateurs, et ils avaient bien raison de l'aimer! Peu de plantes tiennent une place aussi distinguée dans le domaine de Flore. En quelque coin de l'Europe que ce fût, les floriculteurs la cultivèrent avec grand soin ; elle fut donc choyée et obtint toutes les préférences chez nos dames : une seule de ces plantes semblait être un trésor dont la possession excitait la jalousie. Jamais ses charmes n'avaient trouvé d'incrédules ou d'indifférents avant que l'engouement du public pour les plantes de nouvelle introduction fît négliger la modeste et gracieuse Auricule. Jusque-là elle avait fait l'orgueil de tous, l'ornement du salon et du parterre ; son apparition était vivement désirée, car, ainsi que la Pensée, elle signalait le retour du printemps. En effet, toutes deux ne se parent-elles pas de couleurs admirables et chatoyantes? Toutes deux ne se couvrent-elles pas de velours, de soie et d'or, comme pour faire honneur à cette saison si riche en parures élégantes?

Ce qui doit étonner un observateur attentif et impartial, c'est que cette fleur, objet des plus chères affections du public, ait pu perdre un seul instant

l'insigne faveur dont il l'entourait. A peine aujour-
d'hui peut-on se faire une idée exacte de son mérite
par celles qui ont survécu à cette indifférence.

Le public ne ferait-il donc pour les fleurs, comme
il fait souvent pour tant d'autres bonnes choses, que
suivre ses fantaisies! Il n'est que trop vrai qu'on le
voit soigner les fleurs du jour, les cultiver avec
amour, avec passion, s'en réjouir les yeux, s'en faire
des collections; enfin on le voit s'en parer, leur
faire toute sorte d'honneurs.... et puis, voici qu'un
matin l'aurore ne retrouve plus notre jolie Oreille-
d'Ours, tant choyée la veille, pour lui distribuer
les perles de sa rosée qui, en ce moment, la ren-
daient si séduisante! Le charme est rompu; la voilà
réduite à l'obscure condition de son état primitif;
c'est le vent de la fantaisie qui a soufflé sur elle; plus
de culture soignée; elle dégénère au sein de l'oubli.

Croirait-on que Liége, cette cité des fleurs par excellence; Liége, qui fut, pour ainsi dire, le berceau
où s'abrita son enfance, qui a donné naissance à
l'une de ses tribus (l'Auricule liégeoise), tribu aujourd'hui fugitive et disséminée sans gloire en tout
lieu comme celle d'Israël, que Liége ait tout à fait
perdu son souvenir!

C'est pourtant la vérité. Nous avons fait un
voyage en Belgique dans l'intention de former de
nouveau une collection, c'est à peine si nous avons
pu rencontrer quelques-unes de ces fleurs qui fus-
sent dignes d'être cultivées. Il existe pourtant dans

cette contrée quelques amateurs de cette fleur...
Mais le croirait-on? ils donnent exclusivement la
préférence aux fonds jaunes sur les fonds blancs.

Les Anglais, seuls, plus persévérants dans leurs
affections et dans leurs goûts, ont conservé cette
plante en honneur; ils la considèrent tellement qu'ils
ont attaché à sa possession un prix extrêmement
élevé : ce qui rend, malheureusement pour leurs
voisins, leurs collections presque inaccessibles. Cette
prédilection prouve beaucoup en sa faveur; elle
doit la réhabiliter chez nous autres Français, qui
nous sentons en état de la cultiver, de la mener à la
perfection aussi bien que nos voisins. Leur céde-
rions-nous donc en fait de bon goût ?

C'est pour réparer cet oubli que nous entreprenons
d'indiquer dans ce petit traité les moyens de rendre à
l'Oreille-d'Ours toutes ses beautés, tous ses agré-
ments. Espérons que les horticulteurs français lui
prodigueront de nouveau leurs soins, et qu'elle ne
tardera pas avec cet appui à augmenter de nouveau
nos jouissances en les variant.

Essayons donc de la remettre en lumière et de la
placer sur la même ligne où nous aimons à admirer
nos fleurs printanières; espérons, enfin, que cette
réhabilitation, que nous appelons et que nous sou-
tiendrons de toutes nos forces, fera progresser cette
plante au point d'être admise encore par nos plus
sévères amateurs, qui, cette fois, ne pourront refu-
ser de reconnaître son mérite et de l'adopter de nou-

veau. Ce sera de leur part un acte de justice et en même temps une preuve de bon goût, car peut-on voir cette jolie fleur, qui survit et qui survivra toujours sur les toiles de nos grands artistes, sans l'apprécier à sa juste valeur? Notre vieux Baptiste, nos Van-Spandonck, nos Vandael, nos Redouté n'ont-ils pas imité avec complaisance le velours de ses pétales? Cette fleur ne leur a jamais fait défaut dans leurs compositions, ils en ont paré leurs plus beaux chefs-d'œuvre; elle brille au milieu des plus riches et des plus brillantes fleurs.

Certes, on ne l'a pas flattée sur la toile : la nature ne l'a-t-elle pas douée magnifiquement et généreusement? Sa petite dimension permet d'abord de la cultiver dans les jardins les plus exigus; ses corolles, recouvertes d'une poussière argentée, et harmonieusement groupées autour de sa hampe, ressemblent à des étoiles qui scintillent. Leur couleur veloutée, dont l'éclat a tant de vigueur, se détachant si richement et si brusquement sur un fond blanc le plus pur, ou sur un fond jaune des plus brillants, semble vraiment composée à plaisir pour charmer nos sens, car à ce coloris l'Auricule joint encore un doux parfum : l'une des premières, elle répand les douces senteurs du printemps. Elle supporte très-bien l'inconstance de l'atmosphère; aussi la voit-on lever sa tête au-dessus de la neige, comme pour s'assurer si le soleil lui viendra bientôt en aide.

Nous nous trouvons en ce moment fort encouragés dans le dessein d'illustrer notre nouvelle favorite en apprenant que quelques horticulteurs ont fait de nombreux semis de ses graines. Que les sociétés horticoles, dont le concours est si puissant, viennent donc également en aide à cette fleur si distinguée : son triomphe sera certain.

HISTOIRE, ORGANISATION.

On s'accorde généralement à penser que l'Auricule ou Oreille-d'Ours nous vient de la Suisse. C'est à un jardinier flamand, dit-on, que nous en sommes redevables. Son introduction daterait du seizième siècle. Gérard en parle comme d'une plante connue. On l'a rencontrée depuis, non-seulement dans les régions alpines de ce pays, mais encore en Italie, en Allemagne et même jusque dans le voisinage d'Astracan. Dans les premières variétés qu'on en obtint, on pressentit l'avenir brillant qui lui était réservé. La France, l'Angleterre, l'Allemagne, la Belgique, l'Italie rivalisèrent bientôt pour aider à son développement, et en peu d'années elle fut élevée à un très-haut degré dans l'estime des amateurs.

Sa couleur primitive est le rouge et le jaune ; on en a cependant rencontré de panachées dans leur état tout à fait sauvage.

Son nom botanique est celui de *Primula auricula* ;

c'est une plante fort mignonne, un petit bijou lorsqu'on peut l'obtenir parfaite. Elle porte le nom d'*Ursiflora* dans quelques ouvrages scientifiques ; et dans les divers pays où elle fut cultivée on la nomme Oreille-d'Ours.

Linné a placé l'Auricule dans la cinquième classe, pentandrie, premier ordre, monogynie, famille naturelle des Primulacées, qui ont pour type principal la *Primevère*. Dans cette famille toutes les plantes sont naines et ont tant de ressemblance que lorsqu'on en connaît une on peut les connaître toutes.

Les feuilles de l'Auricule sont ovales, obtuses, charnues. C'est la ressemblance qu'elles semblent avoir avec les oreilles d'ours qui lui a valu son nom d'Oreille-d'Ours. Il est à remarquer cependant que les feuilles de ces plantes diffèrent à chaque variété presque autant que leur fleur ; circonstances qui se présentent rarement dans le genre des Primulacées. Ces feuilles sont très-souvent blanchâtres et farineuses ; elles sont plus ou moins dentées à leurs bords. Il s'élève de leur centre une ou plusieurs hampes glabres, simples, terminées par un bouquet de fleurs en ombelle garnies quelquefois, à la base des pédoncules, de quelques folioles courtes, disposées en forme de collerette. Le calice est court, ordinairement blanchâtre et farineux ; la corolle se divise en cinq lobes arrondis, les couleurs en sont extrêmement variées.

Telle est la fleur dont la culture va nous occuper.

On sait qu'il est bien peu de fleurs qui ne soient emblématiques, c'est-à-dire qui n'expriment une idée ou un sentiment. A l'égard de notre fleur nous voyons que les Allemands en ont fait l'emblème de *son chez soi*, ou l'amour de son intérieur. Ceci, soit dit en passant, nous semble caractériser un peuple qui pousse à un très-haut degré le culte de l'intérieur; elle préside donc pour eux au foyer domestique. Il y a là quelque chose de touchant.

Considérée sous un autre point de vue, un poète anglais en a fait l'attribut de la jeunesse, à cause de ses frêles tiges et des larmes qu'elle semble répandre quand elle est couverte de rosée. Enfin, son nom de Primevère semble en dire plus que tout cela, selon un de nos poètes français qui en fait l'emblème de l'espérance, attendu qu'elle vient nous montrer la première verdure, couleur qui dit *espérez!* Notre première, notre plus délicate jouissance, disait Montaigne, ce n'est pas d'obtenir et de posséder, mais c'est d'espérer surtout : ce qu'a traduit ainsi un de nos poètes :

> « Or la plus belle jouissance
> N'est pas de posséder beaucoup ;
> Mais c'est bien d'espérer surtout,
> Même contre toute espérance. »

SEMIS.

Les semis étant le moyen unique d'augmenter une collection, on nous pardonnera les détails dans lesquels nous allons entrer; tout puérils qu'ils puissent paraître, nous les croyons indispensables si on veut réussir complètement.

La graine de l'Oreille-d'Ours peut être semée aussitôt qu'elle est récoltée, ou bien au printemps. Dans le premier cas, si l'automne est sec, il reste peu de chances favorables pour la germination. Il arrivera peut-être qu'elle restera sur la terre sans lever; un accident quelconque peut arriver aux terrines qui les contiendront; si elles lèvent tardivement, le jeune plant ne se trouvera pas assez fort ni assez développé pour supporter les frimas. C'est ainsi que l'espoir d'une belle collection pourrait être détruit, parce que l'on se serait trop hâté. Il sera donc prudent de semer en février ou même en mars au plus tard, puisque les plantes semées à cette époque auront encore le temps de fleurir au printemps suivant. A cette époque aussi la terre est naturellement plus humide, les rayons solaires absorbent lentement l'humidité qu'elle contient; cet état de moiteur est indispensable pour la germination.

Pour les semis on doit employer la terre de bruyère de préférence à toute autre, parce que l'eau s'y écoule facilement. Aussitôt que les graines sont levées, elles nécessitent moins d'arrosements; car la plante trouve dans les détritus qui composent cette terre de quoi s'alimenter convenablement.

Le semis doit se faire en terrines ou en caisses disposées à cet effet, c'est-à-dire qu'elles doivent

être percées de trous très-rapprochés ; elles auront
six pouces de hauteur ; on les remplira à moitié
de mâche-fer concassé qui empêchera les lombrics
(vers de terre) d'y pénétrer, en même temps qu'il
servira à favoriser l'écoulement des eaux ; on remplira le reste de la caisse de terre humide ; on la
foulera autour des bords de la caisse avec le pouce ;
on l'égalisera et on la comprimera ensuite en tota-
lité avec une planchette, de manière à pouvoir
s'assurer qu'en semant, la graine aura été bien répandue.

On a coutume d'employer la mousse pour recouvrir les terrines ou les caisses, afin d'empêcher l'absorption trop spontanée. Cette méthode n'est pas
sans inconvénient : la mousse conserve sa vitalité
même lorsqu'elle paraît desséchée et à moitié dé-
truite ; elle se développe donc souvent et parvient à
s'enraciner sur la terre qu'elle devait seulement
protéger et garantir. Le sable ne présente pas le
même inconvénient. Une légère couche de sablon
tamisé répandue sur la surface de la terre n'empêchera pas les gaz nécessaires à la germination de se
développer ; ce sablon aura encore l'avantage de
fixer les graines sur la place où elles se trouvent.
La graine ainsi recouverte n'aura pas à souffrir des
transitions subites de l'atmosphère. On aura l'attention de bassiner avec un arrosoir à trous fins. Pour
compléter l'opération, on pourra recouvrir les terrines ou les caisses avec des verres à vitre, afin d'é-

viter que les pluies ne déplacent les graines, et surtout que les insectes ne puissent s'y introduire.

Tout se trouvant ainsi disposé, on place ces semis dans un lieu où le soleil ne pénètre pas, seulement jusqu'au moment où les graines lèveront, ce qui aura lieu au bout de quatorze jours. Quelquefois, elles mettent beaucoup plus de temps à lever, mais elles ne réussissent pas moins bien; si elles tardent beaucoup à lever, il ne faut pas encore en désespérer : peut-être que l'humidité qui leur est nécessaire n'aura pas été soutenue. Mais sitôt qu'elles retrouveront cette condition elles pourront germer. Cette graine conserve cette propriété pendant plusieurs années après avoir été semée.

Les lombrics (vers de terre) sont des ennemis terribles pour tous les semis et en particulier pour cette plante, attendu qu'elle est quelquefois fort longue à germer et à se développer; malgré les moyens minutieux que nous avons indiqués pour protéger son enfance, un seul de ces vers peut causer de grands ravages. Ils décomposent la terre pour se nourrir de l'humus qu'elle contient, ils la recouvrent de leurs excréments; alors la graine s'y trouve infailliblement mêlée, ce qui ne peut manquer de l'altérer. Pour obvier à cet inconvénient on pourrait suspendre son semis au-dessus du sol, au moyen d'un plancher, mais ce semis se trouvera plus exposé à la sécheresse.

Nous proposons un moyen qui remédie à tous les

embarras, à tous les soins minutieux qui entrent dans la pratique ordinaire. Ce moyen nous a été communiqué par un de nos savants naturalistes, M. Boitard :

On enveloppe ses graines entre deux linges, on les dépose sur un pot rempli de terre; on les arrose ensuite de manière à ce que ce linge soit bien imprégné d'eau. Puis on dépose le pot dans une cave pendant dix ou douze jours, et on s'assure ensuite si la germination s'opère. Aussitôt que l'on s'aperçoit que les radicules sont suffisamment développées, on se dispose à repiquer ce jeune plant. A cet effet, on se sert d'un instrument pointu proportionné à sa ténuité; après avoir préparé un petit trou pour l'y fixer, on dirige la plante sur cette place avec la pointe de son instrument, ménageant un espace suffisant entre chacune d'elles. Si on a eu soin que la terre où elles sont transplantées soit un peu humide, cela évitera un bassinage immédiat. Vous exposez vos potées ainsi repiquées dans un lieu bien abrité; quinze jours après on peut les rendre à l'air libre. Ce moyen offre l'avantage que les graines lèvent toutes également, et une par une; tandis que par le procédé ordinaire il faut des soins très-minutieux pour faire lever un semis. Au reste, si notre nouveau procédé paraissait plus long que l'autre, il faudrait néanmoins le préférer à cause des avantages qu'il présente.

Pour le repiquage définitif, on attend ordinaire-

ment que le plant ait développé sa cinquième ou sa
sixième feuille. Si le semis se trouvait très-épais, il
faudrait opérer plus tôt et avant le grand développement, dans la crainte que le plant ne se fondît.
Dans ces deux cas, il faudra lever les plantes avec
la pointe d'un couteau, soit qu'on veuille les repiquer en pleine terre et à demeure, ou dans des pots;
bien qu'on en place plusieurs dans chacun de ces
pots, on aura soin de retrancher les feuilles pourries
et celles qui seraient tachées; on ne doit pas rafraîchir les racines (1).

La terre qu'on leur a destinée devra être plus
substantielle que celle des semis. On la comprimera
pour que la plante ne s'y trouve pas trop enfoncée,
et après l'avoir bassinée on la maintiendra à l'abri
du soleil. Il faut observer que dans un semis les
plantes ne poussent pas également. Il s'en rencontre
de plus chétives les unes que les autres; celles-ci

(1) Généralement, en horticulture, on rafraîchit les racines
des plantes qu'on empote, ou des arbres qu'on met en pleine
terre, parce qu'il faut mettre en équilibre les racines avec les
branches. Cette opération est nécessaire encore pour multiplier le chevelu aux dépens de quelques racines principales, mais
quelquefois on le fait par habitude. Il est convenable de dire que
tant qu'on s'adresse à des plants dont la force vitale est grande,
l'opération ne leur préjudicie en rien; mais les plantes délicates
peuvent en souffrir beaucoup, parce que les racines, comme on
le sait, n'absorbent les sucs propices à l'alimentation et au développement des plantes que par leur extrémité: ces extrémités
ou *spongioles* retranchées, elles cessent de fournir à la plante
leur contingent habituel de nourriture.

doivent être soignées à part, car cette faiblesse ne sera due le plus souvent qu'à l'éloignement de leur type, ce qui donnerait l'espoir d'en voir sortir une variété des plus précieuses.

Lorsque les plantes fleuriront, si on leur trouve les conditions de perfection requises, on leur imposera un numéro d'ordre dans la collection; autrement on les rejettera. Mais comme les plantes d'un mérite supérieur se rencontrent assez difficilement, il faudra y regarder à deux fois pour prononcer cette exclusion; il faudra se convaincre que le défaut reproché n'est point accidentel, car souvent les plantes n'arrivent mal que lorsqu'elles sont contrariées dans leur développement, il n'est pas rare de les voir se modifier lors d'une seconde floraison quand elles ont acquis plus de force.

Malgré tout, il est des plantes incapables de se modifier. On ne peut accepter celles qui présentent des défauts de structure ou de coloration; si, après les avoir mises en observation jusqu'à une prochaine floraison, elles ne se modifient pas comme on l'avait espéré, on devra définitivement les rejeter.

MULTIPLICATION PAR OEILLETONNAGE.

La saison qu'il faut préférer pour cette opération est la fin de juillet. Vers cette époque la plante est dans un état de repos de sève qui permet de mettre impunément les racines à nu sans qu'elles aient à en souffrir.

Les œilletons qui se seront développés depuis le printemps auront eu le temps de s'enraciner; ils ne courront aucun risque d'être détachés de leur mère. Pour leur assurer toutes les garanties possibles de réussite, et afin de ne point endommager le pied qui les aura produits, on se servira pour les en détacher d'un instrument tranchant, car cette plante étant très-susceptible de pourrir, la plaie que le déchirement pourrait produire sur son tissu fort tendre pourrait entraîner sa ruine.

Généralement les œilletons forts doivent être préférés aux pieds qui les auront produits, parce qu'ils sont incontestablement plus vigoureux et que, pour cette raison, ils craignent moins l'humidité.

L'opération faite, on les replacera dans une terre qui leur sera appropriée. Nous donnerons sa composition dans l'article suivant.

TERRE QUI LUI CONVIENT.

Suivant les diverses phases de la vie de la plante qui nous occupe, on devra modifier son alimentation. L'enfant qui naît se contente du lait de sa mère; à mesure qu'il grandit il a besoin d'une nourriture plus abondante. A sa naissance et dans son âge tendre l'Oreille-d'Ours exigera une terre poreuse qui favorisera l'écoulement de l'eau. Lorsqu'elle sera en état de fleurir on lui en donnera une autre plus compacte et plus substantielle.

Si la terre de bruyère est nécessaire au semis, cette terre mélangée avec un tiers de terre franche conviendra mieux lors du repiquage. On pourra encore s'en servir pour les plantes à fleurs en la mêlant par moitié avec la terre franche ; mais elle peut très-bien se remplacer par la composition suivante, qui est généralement adoptée vu les bons résultats qu'on en a obtenus jusqu'ici.

Cette composition se fait moitié de terre franche, siliceuse, et moitié de bouse de vache ou de terreau de cheval ; on ajoutera un dixième de sable, plus ou moins, suivant que la terre sera siliceuse, pour faciliter l'écoulement des eaux. Cette terre doit être faite une année avant de s'en servir ; on l'exposera à la gelée ; on la retournera fréquemment pour diviser et mêler intimement ses éléments divers, ce qui, avec le temps, formera un tout homogène. On a imaginé une infinité d'autres composts dont les résultats sont également heureux ; mais, pour la plupart, ils se composent de principes excessivement actifs, qui ne peuvent être employés que par une main très-habile, autrement l'usage général de ces terres pourrait être fort préjudiciable à la plante : c'est à quoi il faudra faire grande attention.

CULTURE EN POTS.

Immédiatement aprés l'œilletonnage on doit rempoter l'Auricule.

Les pots doivent être proportionnés à la force de chaque plante. Pour les plus fortes, on emploiera le pot de 14 centimètres de diamètre ; on mettra au fond de chacun plusieurs fragments pour masquer le trou par lequel l'eau superflue doit s'écouler, ces fragments pourront également empêcher les lombries de pénétrer dans l'intérieur.

Chaque plante que l'on rempote doit être visitée scrupuleusement. Si la plante est souffrante, il faut secouer sa terre pour s'assurer s'il y a de la pourriture. Dans ce cas, on coupera les racines malades, jusqu'à ce qu'elles reparaissent saines. On placera cette plante dans un pot plus petit que celui où elle était avant le traitement. On aura encore soin de retrancher les feuilles jaunes ou flétries, qui, en se détruisant elles-mêmes, nuiraient beaucoup au corps de la plante ; si la tige était devenue trop longue, ce qui arrive toujours lorsque la plante est vieille, on la raccourcirait.

Dans le cas contraire, c'est-à-dire si la plante se trouve en bon état, et qu'il ne faille que renouveler la terre, on dégarnira la vieille terre sans rafraîchir les racines pour la remplacer par une terre neuve ; et lorsqu'on la rempotera on tiendra ses feuilles à six lignes au-dessus de la terre, laquelle sera maintenue à six lignes au-dessous des bords du pot, afin de pouvoir lui donner de l'eau, plus ou moins, suivant son besoin.

On ne doit pas oublier que ce rempotage renouvelé a pour but: 1° de donner aux plantes, successivement, plus de nourriture au moyen de terres de diverses qualités qu'on emploiera; 2° de ménager cette alimentation de manière à ce qu'elle ne leur devienne pas nuisible par trop d'abondance ou trop d'action; 3° d'offrir un moyen commode pour leur procurer une humidité convenable, car si le pot qui les contient s'était bouché, si l'eau surabondante ne pouvait circuler et se frayer un passage au dehors, devenue stagnante elle se corromprait, et la corruption se communiquerait aux fibres des racines, dont la ténuité et la délicatesse est extrême. Dans ce cas la perte de la plante sera certaine.

Le rempotage achevé, on placera les pots sur une couche de gravier ou de mâche-fer qui absorbera facilement l'eau trop abondante et superflue qu'ils pourraient contenir. Si, malgré tout ce soin, on s'apercevait que quelques pots conservent trop d'humidité, il faudrait s'assurer si le fond n'est pas bouché en y introduisant une pointe arrondie, un petit bâton. Si les pluies sont constantes, il faut simplement coucher les pots sur la terre, les plantes en souffriront moins, elles y passeront très-bien l'hiver, si on a une tente on évitera tous ces soins.

Les plantes cultivées en pleine terre n'auront pas
à souffrir de l'hiver. Elles n'exigent aucun soin
pour les mettre à l'abri de ses rigueurs, pourvu que
la terre dans laquelle on les aura plantées laisse
égoutter facilement les eaux.

Il faut s'attendre à ce que les Auricules cultivées
en pots ne donneront des fleurs qu'en petit nombre,
et que leurs hampes seront moins nourries ; mais,
au moyen des pots, on jouira pleinement de leur
floraison, sans craindre que la pluie altère leur
beauté, ce qui est un avantage. On aura la faculté
de mettre ces pots à l'air, ou de les abriter au besoin. Il est évident cependant qu'on ne pourra tout
empoter quand on possédera une nombreuse collection.

CULTURE EN PLEINE TERRE.

Dans la localité où croit chaque plante à l'état
sauvage, la main habile du cultivateur est inutile.
Son développement se fait tout naturellement, ses
besoins sont bornés ; la main créatrice a pourvu à
tout ce qui lui était nécessaire pour végéter suivant
sa destination. Cependant son organisation, quoique
parfaitement complète, peut se modifier par l'éducation. Notre Auricule est dans ce cas comme beaucoup d'autres fleurs ; c'est alors qu'elles subissent
quelquefois des métamorphoses complètes, qu'elles

éprouvent de nouveaux besoins, une culture toute
particulière dont le but est de les faire paraître et
plus belles et plus séduisantes. Malgré tout l'art
qu'emploie l'horticulteur, il faudra toujours qu'il
ait égard à la localité primitive de son élève; il devra toujours consulter ses goûts, ne pas trop s'éloigner de ses habitudes, pour l'amener sans trop de
tâtonnements au degré de perfection où elle peut
parvenir.

L'Oreille-d'Ours croît naturellement sur des montagnes rocailleuses, souvent couvertes de neige;
elle pousse à travers des mousses qui la protégent
contre les rayons trop ardents du soleil, tout en
l'entretenant dans une humidité convenable. Il faut
donc, pour suppléer à ces habitudes de localité, lui
donner l'exposition du levant, qui est fraîche, et l'é-
loigner du contact d'un soleil du midi beaucoup trop
ardent pour elle; les eaux du ciel se trouvaient naturellement absorbées par les mousses au milieu
desquelles elle croissait, elles s'échappaient facilement au travers des fissures des rochers sur lesquels
elle se plaisait : ces dispositions naturelles, l'art
a dû les compenser par une terre riche, assez divisée pour qu'elle ne puisse conserver qu'une humidité
suffisante. Les racines de cette plante ne pénétrant
que fort peu en profondeur dans la terre, on se con-
tentera de creuser une fosse de 22 à 25 centimètres
de hauteur sur un mètre 20 à 30 cent. de largeur.
On remplira cette fosse du compost convenu. Cette

terre s'élèvera un peu au-dessus du sol; on pratiquera encore autour de cette plate-bande des re-
bords ou bourrelets pour empêcher l'eau de se perdre inutilement; après quoi on plantera les individus; on les espacera à 14 centimètres en tout sens,
observant toutefois les procédés indiqués déjà pour
le rempotage.

Toutes les plantes faibles ou malades pourront
recevoir une terre plus légère. Si on ne leur donne
pas cette terre plus légère, il faudra au moins les
placer à part; parce qu'elles contrasteraient désa-
gréablement avec les autres fleurs au moment de la
floraison, et qu'elles nécessitent des arrosements
moins fréquents.

SOINS A DONNER AU PRINTEMPS.

La propreté est indispensable au règne végétal;
c'est pour quelques espèces, après la nourriture,
l'élément de la vie, le besoin de leur conservation.
L'Auricule, plus que toute autre plante, veut être
tenue proprement. Ses feuilles, lorsqu'elles présentent la moindre flétrissure, la plus petite souillure,
doivent être retranchées en tout temps, et surtout
lors des opérations que sa culture nécessite à une
époque assez déterminée, fin de février ou commencement de mars.

On gratte la surface de la terre afin d'extraire la

mousse qui aurait pu s'y développer ; le vide qu'on aura fait sera remplacé avec de la terre neuve. La plante y gagnera, car cette nouvelle terre développera des racines qui pousseront au collet ; elle surexcitera la vie de la plante, elle rendra enfin ses couleurs plus riches et plus brillantes.

Cette recherche de propreté convient particulièrement à une plante aussi mignonne, elle lui donne par-dessus tout un air de coquetterie agréable à l'œil et paraît plus convenable à la richesse de ses couleurs.

FLORAISON. — DISPOSITION DES PLANTES EN GRADIN.

Si on veut établir un gradin pour recevoir des pots d'Auricules, on a soin de le construire de manière que les tablettes ne soient pas plus larges que le décamètre des pots. On pourra adopter la même mesure pour la hauteur, ou se contenter d'un peu moins. On ne placera que cinq à six plantes sur la hauteur du gradin, ce qui permettra d'atteindre facilement aux plantes supérieures ; ainsi disposées l'œil pourra toutes les considérer à l'aise.

On pourra ajouter au gradin des montants qui supporteraient un châssis en pente recouvert d'une toile au moyen de laquelle les fleurs se trouveraient à l'abri des pluies toujours fréquentes au moment de la floraison. Ces pluies, presque toujours orageuses, peuvent détruire en un instant l'espérance et la jouissance d'une année, cet abri tutélaire peut seul assurer leur floraison pendant un long temps. Du reste, le gradin peut convenir pour l'exposition de toutes les collections d'autres genres de plantes. Ce que nous indiquons ici pour mettre avantageusement en évidence nos Auricules, est de la plus grande simplicité. Les horticulteurs - marchands d'Angleterre y mettent bien plus d'art et de prétention; chaque fleur est scrupuleusement examinée et souvent retouchée, on la force d'être belle; dix personnes, s'il le faut, sont employées pour cacher les défauts et présenter les fleurs toutes dans un même sens, sous l'aspect le plus séduisant.

Pour le public si curieux de fleurs, la jouissance du moment est tout; mais est-il bien certain que l'amateur qui a l'intention de cultiver et de multiplier ces chefs-d'œuvre de l'industrie florale, y trouve son compte lorsqu'il en est devenu possesseur ?

CONDITIONS REQUISES D'UNE BELLE FLEUR.

Pour qu'une Oreille-d'Ours puisse être placée au premier rang dans son espèce et surtout dans une collection, elle doit avoir une hampe (tige) d'une hauteur suffisante, dont la force lui soit proportionnée pour porter son ombelle de fleurs avec grâce au-dessus de son feuillage. L'ombelle doit être ronde,

les pédicules qui portent les fleurons doivent être
courts et capables de soutenir leurs fleurs bien droi-
tes. Ils doivent être au nombre de 8 jusqu'à 14. Les
corolles aussi doivent être rondes, parfaitement
plates, sans former l'entonnoir à leur col. Les couleurs vives, veloutées, doivent être tranchées brusquement sur leur fond; ce fond sera ou blanc-pur
ou jaune-pur. On a donné à ce fond le nom d'*œil* ou
de *col*. Les étamines ne doivent pas le dépasser. Les
plantes qui réunissent ces qualités sont incontestablement les meilleures, il faudra ne récolter des graines que sur celles-là si on en possède.

CHOIX DES PORTE-GRAINES.

Le seul moyen d'obtenir de nouvelles variétés
pour toutes les fleurs, c'est le semis. Si donc on veut
enrichir sa collection, on le pourra, soit en semant
beaucoup et d'une manière entendue, soit en achetant des plantes de choix obtenues antérieurement.
Ce dernier moyen procure des résultats immédiats,
mais un plaisir que l'on paye trop cher n'est plus
un plaisir. Il est de fait que l'on ne peut se procurer
ces collections qu'à un prix fou, si l'on veut avoir
toutes plantes parfaites. Les vrais amateurs aiment
beaucoup mieux devoir leurs plantes à leurs propres soins, et ils ont grandement raison. Cependant,
si on n'a pas quelques plantes valables pour com-

mencer une collection, on court grand risque de passer quelques années avant d'obtenir des résultats satisfaisants. On a vu des amateurs s'estimer heureux d'avoir pu obtenir trente ou quarante plantes supérieures dans une carrière horticole de quarante ans, encore doivent-ils le plus grand nombre aux semis des dernières années. Certes, cette plante est assez féconde et se montre assez disposée à offrir des variétés dans ses couleurs comme dans ses autres dispositions, pour en produire un nombre bien plus considérable, si les amateurs ne s'étaient pas montrés si exclusifs.

Nous conseillons donc aux amateurs qui posséderont un certain nombre de bonnes plantes, s'ils sont bien désireux de former ou d'augmenter leur collection par eux-mêmes, de ne semer que des graines récoltées sur ces supériorités ; ils doivent les désigner comme leurs porte-graines, les soigner tout particulièrement dans cette intention, surtout éviter le contact entre ces porte-graines et les autres fleurs, sous peine de n'obtenir que de très-pauvres résultats après s'être donné beaucoup de peine.

FÉCONDATION.

Dès qu'on aura fait choix des plantes qui doivent produire la graine que l'on se réserve, il faudra s'occuper d'en favoriser la fécondation, surtout en empêchant et en prévenant le contact de ces plantes de choix avec celles qui leur sont inférieures, comme nous l'avons dit ; conséquemment il faudra les éloigner de celles-ci , dans la crainte qu'elles ne soient accidentellement fécondées par un pollen étranger, provenant de plantes médiocres.

La fécondation artificielle a donné des résultats si heureux et si positifs , qu'il est convenable d'en faire usage , attendu que par ce procédé chaque plante est fécondée suivant la volonté du semeur. Il peut très-bien combiner ses résultats d'après les plantes qu'il lui plaira de choisir à cet effet. Il saura, pour ainsi dire, à l'avance ce qu'il devra obtenir. Cette opération est fort simple, il ne s'agit que d'enlever la poussière séminale qui repose sur les étamines d'une fleur pour la déposer sur le pistil d'une autre fleur que l'on veut féconder.

C'est ce que fait la nature par des moyens immédiats ou accidentels, par un véhicule quelconque : le vent, une abeille , un papillon. La science, toujours à la recherche de ses secrets, a dévoilé le mystère, l'art est venu ensuite travailler sur les données de la nature ; il fait, dans l'intérêt de l'homme, ce que cette bonne nature fait en obéissant à la volonté et à la sagesse du Créateur.

Voici comment se pratique cette fécondation artificielle. Aussitôt qu'est développée la fleur , dont on espère obtenir un fac-simile, ou peut-être quelque chose de mieux, on coupe les étamines avec des

ciseaux bien affilés, on les dépose sur un papier, ou
sur toute autre surface unie. On place ces étamines dans un endroit sec pendant vingt-quatre heures.
On a eu soin de retrancher également les étamines
de la fleur que l'on veut féconder; celles-ci peuvent
aussi servir à en féconder d'autres. A l'aide d'un
très-petit pinceau, on enlève la poussière qui a eu
le temps de se détacher des étamines précédemment mises en un lieu sec, on la pose avec dexté-
rité sur le pistil de la fleur destinée à la recevoir.
Cette poussière est ce qu'on appelle le pollen, il se
compose de petits globules qu'il ne faut point com-
primer, car on risquerait de leur faire perdre leur
faculté générative (1). Ce dépôt effectué, la fécondation aura lieu indubitablement.

Sans doute, il faut beaucoup aimer les plantes
pour avoir la patience qu'exigent tant de soins minutieux; mais la certitude qu'une belle fleur nous devra son existence, a quelque chose de bien encou-
rageant.

Une fois que les graines seront fécondées, on doit
favoriser leur maturité; elles ne doivent point être
exposées aux transitions subites de l'atmosphère,
ni aux rayons d'un soleil trop vif. Lorsque les grai-

(1) Cette poussière séminale a la propriété de se conserver plus
long-temps. M. Haquin de Liége a fécondé des lis avec du pollen de 42 jours; des camélia ont parfaitement fructifiés avec du
pollen de 65 jours. On peut le conserver entre deux verres con-
caves, comme on conserve le virus pour la vaccine.

nes sont mûres, leurs capsules commencent à s'ou-
vrir, c'est le moment de les recueillir. Ces graines
sont ordinairement d'une couleur brune; il faudra
les placer dans un lieu sec, mais aéré, jusqu'à la
saison propice pour les semer.

CONCLUSION.

Dans le temps où l'Auricule était l'enfant gâté
des amateurs, les variétés étaient si nombreuses
qu'il fallut établir une classification pour les distinguer. On les avait divisées en deux classes principales qui se subdivisaient chacune en groupes particuliers qui étaient au nombre de quinze. On trouve
dans la *Revue horticole*, 1843, un article fort détaillé
de cette classification.

Cette classification aujourd'hui nous paraît sans
importance; dans l'intérêt présent des amateurs, il
nous semble plus nécessaire de leur recommander
avec instance cette plante que de les fatiguer par
une appellation absolument inutile, puisque les variétés anciennes n'existent plus.

Il est bon de dire encore que tous les genres
étaient également en faveur soit à cause de leur ori-
ginalité, soit en considération de la grande pureté
de leurs couleurs; que le fond blanc n'était pas plus
estimé que le fond jaune, le fond jaune et le fond
blanc que les anglaises.

Raisonnablement, il en devait être ainsi, les couleurs ne se font-elles pas valoir réciproquement par leurs contrastes? Le Créateur n'a-t-il pas fait chacune d'elles pour plaire? Qu'elles soient isolées ou réunies sur la même fleur, il nous semble que toute exclusion systématique relativement à ces nuances ne peut être considérée que comme une manie.

LA PRIMEVÈRE.
(PRIMULA VERIS.)

Nous avons dit, en traitant de l'*organisation botanique de l'Auricule*, que toutes les espèces de Primevères ont beaucoup de ressemblance entre elles dans
leur port et dans leur ensemble. Toutes ces plantes
sont mignonnes et intéressantes en elles-mêmes : mais
après l'Oreille-d'Ours l'espèce la plus cultivée est la
Primevère commune. Elle se recommande principalement par sa rusticité, car, étant indigène, elle est
habituée aux rigueurs de nos hivers. Ce qui lui
donne encore quelques titres à notre attention, c'est
qu'elle donne des variétés nombreuses : avantage
que n'ont pas les autres espèces. Ces variétés, il est
vrai, ne se distinguent que par la coloration. La
couleur primitive est le jaune, cette couleur se ma-
rie très-agréablement avec le jaune-orangé ou avec
le rouge le plus clair, et jusqu'au rouge le plus
pourpré ou bien encore avec du bleu, ou du brun
plus ou moins foncé. Toutes ces couleurs sont ordinairement veloutées.

Les fonds blancs sont plus difficiles à obtenir, et
ils sont aussi plus recherchés des amateurs ; cependant les fonds jaunes ont bien aussi leur mérite,
leurs couleurs sont généralement plus franches et plus
gaies. Nous dirons comme pour les autres plantes que

les fonds jaunes font valoir les fonds blancs, et que
l'uniformité est monotone et désagréable partout.

Les qualités de perfection dans leurs fleurs sont
les mêmes que celles indiquées pour l'Oreille-d'Ours.
Il faut que la tige florale (hampe) s'élève au-dessus
des feuilles, qu'elle soit assez forte pour soutenir ses
fleurons; que les fleurons eux-mêmes se soutiennent
bien, se présentent bien étalés; que la corolle soit
ronde, que les couleurs qui la parent se détachent
avec pureté; que le pistil et les étamines ne dépas-
sent pas l'œil. Généralement on n'est pas aussi rigide pour l'adoption des Primevères que pour celle
de l'Auricule, parce que la Primevère est moins
élevée dans l'estime des amateurs, et qu'on l'emploie
bien plutôt comme bordure que collectivement, attendu que cette plante, par sa contexture naine,
touffue et rustique, semble être appelée à cet emploi
dans nos jardins. Il y a cependant quelques variétés
de cette plante qui méritent l'attention des amateurs :
telles sont la Primevère bleue, ou gris-perle, et les
variétés à fleur double.

Toutes les variétés s'obtiennent par le semis. Si
on tient à en faire collection il faudra se procurer
de bonnes graines ou chercher parmi les plantes qu'on
possède celles qui seront les plus parfaites, et suivre
la même marche que pour les Auricules (article
Fécondation). Pour le semis on pratiquera ce qui a
été dit à l'article Auricule.

Une fois qu'on aura obtenu de bonnes variétés on

devra les perpétuer en les éclatant, car on obtient rarement une plante tout à fait identique avec le type qui l'a produite; elle se modifie toujours par le semis soit en bien, soit en mal.

La *régénérescence* est un cas fortuit qu'il faut saisir. L'*œilletonnage* doit être fait immédiatement après la floraison : mais si on tient à récolter des graines, on est obligé de remettre cette opération jusqu'à leur maturité; car on est obligé de mettre les racines à nu pour pouvoir diviser chaque plante avec une quantité suffisante de racines pour assurer sa reprise, ce qui nuirait infailliblement à la fructification.

Généralement la Primevère se plaît dans toutes les qualités de terre, mais il est à remarquer que plus les plantes s'éloignent de leur type et plus elles deviennent exigeantes dans leur culture : ainsi la Primevère bleue réclame la terre de bruyère ou au moins une terre riche en humus, celles à fleur double sont presque aussi exigeantes, tandis que la commune croît partout. Une terre douce, substantielle et fraîche est celle qui leur convient le mieux. La Primevère réussit mal lorsqu'on la resserre dans un pot. L'exposition plus favorable à cette plante est celle du levant.

On consultera pour toutes les opérations de culture et pour les qualités d'une belle fleur les chapitres qui concernent l'Auricule.

FIN.

TABLE.

Chez **AUDOT**, libraire, et **RAGONOT**, horticulteur.

ALBUM DES PENSÉES,

faisant suite au

TRAITÉ DE LA CULTURE DES PENSÉES,

PAR RAGONOT.

MM. les amateurs de cette belle fleur qui n'ont point suivi, cette année, sa magnifique floraison, pourront s'en faire une idée en se procurant cet album, qui leur offrira ce que des Pensées peuvent offrir de plus brillant et de plus distingué. Chacune d'elles portant un nom, on se les procurera en nature avec certitude.

Ces Pensées de choix sont peintes à l'aquarelle avec la plus grande exactitude par madame Tremblai, et reproduites dans tout leur éclat de coloris par Augustin Legrand, artiste-éditeur.

Cette collection se renouvellera tous les ans lors de la floraison si variée de cette fleur.

Il en sera de même des œillets, cultures spéciales de M. Ragonot.

Cet album se publiera en trois ou quatre livraisons, à commencer du 25 juin jusqu'à la fin de juillet.